人生小紫书

帮你穿越生活灰色地带的 40 条 Considerables

A Little Purple Book to Help You Navigate Life's Gray Areas and Live More Colorfully

[美]理查德·克莱沃宁（Richard Krevolin）著

鲁丹 译

孟小淳 审校

中国出版集团
中译出版社

40 CONSIDERABLES: A Little Purple Book to Help You Navigate Life's Gray Areas and Live More Colorfully by Richard Krevolin
Copyright © 2024 by Richard Krevolin
Simplified Chinese translation copyright © 2024 by China Translation & Publishing House
ALL RIGHTS RESERVED
著作权合同登记号：图字 01-2024-2384 号

图书在版编目（CIP）数据

人生小紫书：帮你穿越生活灰色地带的 40 条 /（美）理查德·克莱沃宁 (Richard Krevolin) 著；鲁丹译. -- 北京：中译出版社，2024.7
书名原文：40 CONSIDERABLES: A Little Purple Book to Help You Navigate Life's Gray Areas and Live More Colorfully
ISBN 978-7-5001-7890-3

Ⅰ.①人… Ⅱ.①理…②鲁… Ⅲ.①人生哲学—通俗读物 Ⅳ.① B821-49

中国国家版本馆 CIP 数据核字 (2024) 第 101137 号

人生小紫书：帮你穿越生活灰色地带的 40 条
RENSHENG XIAO ZISHU: BANGNI CHUANYUE SHENGHUO HUISE DIDAI DE 40 TIAO

著　　者：	[美]理查德·克莱沃宁（Richard Krevolin）
译　　者：	鲁　丹
审　　校：	孟小淳
策划编辑：	朱小兰　王海宽
责任编辑：	朱小兰
文字编辑：	王海宽　刘炜丽
营销编辑：	任　格
出版发行：	中译出版社
地　　址：	北京市西城区新街口外大街 28 号 102 号楼 4 层
电　　话：	（010）68002494（编辑部）
邮　　编：	100088
电子邮箱：	book@ctph.com.cn
网　　址：	http://www.ctph.com.cn
印　　刷：	北京中科印刷有限公司
经　　销：	新华书店
规　　格：	787 mm×1092 mm　1/32
印　　张：	5.25
字　　数：	100 千字
版　　次：	2024 年 7 月第 1 版
印　　次：	2024 年 7 月第 1 次

ISBN 978-7-5001-7890-3　　　定价：69.00 元

版权所有　侵权必究
中译出版社

生活是纷杂的，世界是不确定的，我们是焦虑的，缓解焦虑的唯一路径是热爱生活。"小紫书"，随便翻开一页，40个真实故事，哪一个都有爱的理由。

张泉灵
少年得到董事长

我们常常将自由描述为一种内在的力量，它使我们能够做出选择并承担责任。然而就像"小紫书"告诉我们的，在面对不知"所为何来"的人生时，真正的自由往往需要我们学会在复杂多变中认清自己的本色——那未经调和的斑斓，勇敢而热烈地迎接各种挑战。

姬十三
果壳CEO，未来光锥前沿科技基金创始合伙人

读"小紫书"更像是一场心灵邂逅之旅。感动于作者在经历人生的细碎和繁杂之后，对"自我"感受的剖析和真实分享。这本书饱含对过去的反思，和对未来的期许，读完后，让人焕然一新。

李光洁
演员，参演作品
《风吹半夏》《流浪地球》

《人生小紫书》是一本看了令人产生共鸣、释放、思考、回味的书。书中每一个章节、每一段文字都仿佛在唤醒我们感知生活、生命、人生多样滋味的集合。透过作者温暖的目光，我们发现生活的多样、多姿、多彩，不至于让那些被我们有意无意忽略或感到迷茫、困惑的事情，继续被忽略，或令我们继续迷茫困惑下去，左右我们的生命时光，而是发现、感知，甚至坚守、发扬人类业已传承下来的人与人、人与自我的和谐、和解，共生、共情、共荣。

叶尔克西·胡尔曼别克
作家，翻译家，中国作协第十届主席团委员

◆◆◆

如今的社会阶段，无论工作还是生活，仿佛一切事物都变得越来越复杂，人们因此往往忽略了最简单朴素的道理。"小紫书"以多元文化的视野和普世的价值观，向我们传递了40种人生碎片的上乘解法，这40个好故事不是固定的方法论，而是叠加和升华后的思维方式和处事哲学。同时，作者以编剧特有的敏锐和幽默，告诉我们好故事不是发明的，而是发现的，译者积极正向的传媒人素养更是让文字变得有温度、有光泽、有质感。

仲伟佳

喜剧编剧，东方卫视《欢乐喜剧人》第七季编剧总统筹

◆◆◆

克莱沃宁的文字既幽默又充满智慧，他是一个真正会讲故事的人。在这本简短而精彩的《人生小紫书》中，他触及了我们人性的多样，以有趣的小故事传达了深刻的见解，而这些见解具有持久的影响力。我敢打赌，读完这本关于从"底层向上"的引人入胜、重要且易读的书，你对所有事情都将有所感悟。

罗伯特·罗滕伯格（Robert Rotenberg）

多伦多侦探小说系列《阿里·格林》作者

◆◆◆

克莱沃宁的最新著作《人生小紫书》汇集了我们每个普通人的生活故事，这些都来自一个深入体验生活并做下精彩记录的人。如果你希望自己的世界多一些意义，少一些抱怨，那就从这本书开始吧！

杰夫·阿奇（Jeff Arch）

电影《西雅图不眠夜》编剧

❋ ❋ ❋

理查德凭借其标志性的幽默、谦逊和讲故事的天赋,为我们呈现了40个关于如何过上有意义和有回报的生活的洞见。在一口气读完整本书后,我发现,其中的秘诀就是做一个正直的人。

科琳·塞尔
(Colleen Sell)
畅销书《安慰之杯》系列编辑;《十分钟禅宗》作者

❋ ❋ ❋

《人生小紫书》提供了你需要的、改变生活的建议,帮助你以智慧、勇气和创造力编写自己的生活故事。这本书堪称瑰宝。

保拉·穆尼尔
(Paula Munier)
畅销书《慈悲卡尔》系列作者

FOREWORD

推荐序
伊尔温·库拉

当你翻开这本书时,不必惊讶于书中那些"显而易见"的内容令你不由自主地点头赞同。然而在点头赞同的同时,你也可能会咬牙切齿——因为没能活出这些"显而易见"的理想生活。确实,书中每一个洞见都是经典而明智的,然而我们为何仍未将这些洞见应用于生活?

这是因为书中各式各样的生活哲理,是如此简单而我们早已耳熟能详,常常被忽视和遗忘。正如作者在书中反复指出的那样,熟悉和简单并不等同于易于执行。愿这本书以一种全新的视角,带给你关于"如何过上理想生活"的启示,并激发你进行深层次的思考：为什么我们往往不能按照已知的真理行动？

这其实是一种存在很久的人类悖论。在《圣经》最广为引用的一段话中，保罗就曾感叹："我并不理解自己的行为，因为我没有做我想做的，却做了我厌恶的。"[①] 当代心理学把这种现象称为"意图－行为偏差"或"知识－态度－行为差距"。当我们的价值观、态度或意图与实际行为不一致时，这种偏差给我们留下深刻的印象。因此，当你阅读本书时，请聆听内心的声音并感受本能的反应，正是这些体验促使我们成长和变化。

作者在本书中分享自己的真实故事，不是为了证明这些观点多么智慧，而是为了揭示缩小"意图与行为的差距"的过程往往是艰难和痛苦的。造成这种差距的原因有很多，其中之一就是人们更倾向于获得即时的满足，所以要注意，当你在接受一个观点并形成改变时，结果有时会延迟。

有时，我们试图一次性掌握全部的洞见与智

---

① 《圣经·罗马书》7：15，"因为我所作的，我自己不明白。我所愿意的，我并不作。我所恨恶的，我倒去作。"

慧，并立即付诸行动，但往往雄心壮志也会导致"意图－行为偏差"。所以，如果你在读到这些洞见时感到认同，并希望付诸行动，不要急于一次性做出大的改变，而应该逐步改进。毕竟，改变是由无数小步骤累积起来的。换句话说，正如作者的观点，你可以慢慢消化它们，而不是一口气读完就期待改变发生。

有时，我们可能想选择做"正确的"事情，但周遭的环境却不允许这样。更加有趣的是，我们有时并不会因为被告知需要改正什么而改变自己的行为。相反，研究表明，这样的告知还可能会阻碍我们的学习。

当关心和了解我们的人向我们讲述他们的经历和感受时，是缩小"意图－行为偏差"的最好时机。我们相信，对结果的控制程度将影响我们参与改变的意愿。因此，正如作者在书中多次提到的，如何看待并实践这些观点，取决于读者自己的选择。

所以，当你阅读本书时，我的建议是：请敞开心扉接受这些洞见，作者不是在尝试改变你，而是在分享对他有益的感受和经历。如果你发现自己对书中的洞见产生了认同感，但又对改变行为感到痛苦，请不要抗拒，接受这种混乱和不适。如果你决定将这些洞见应用到自己的生活中，也请不要急于彻底改变。只需一步一个脚印地逐渐前进，因为转变是许多微小变化累积后的结果。准备好接受延迟的满足感，因为人的长期成长往往伴随着一些短期的不适。

请记住，你才是本书观点的最终决定者和实践者。

本书的作者以一种谦虚和坦诚的态度，分享了他成长的故事。在这个充满挑战和曲折的过程中，作者不断实践并坚持这些简单的洞见和智慧，使他的生活变得更好。

本书更想表达一种希望。在阅读时，你会发现自己似乎早已知道这些道理，或至少熟悉其中的深意。但你也会意识到，这些观点虽然正确，却真的难以全部实践。所以，这既是挑战，也是礼物，更是本书的独特魅力。

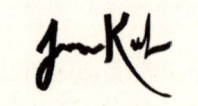

2023 年 3 月 于纽约

PREFACE

中文版自序
理查德·克莱沃宁

当我受邀为《人生小紫书》的中文版撰写序言时，最初我并不知道该说些什么。然而，我很快回想起自己在上海的一次经历，这也成了我终身受益的启示之一。因此，我决定以这次经历为基础来写这篇序言。

多年前，我有幸在上海中心大厦为联合利华公司的亚洲高管教授市场营销和品牌叙事课程。从高空俯瞰，整个上海的美景尽收眼底。课程结束后，我决定去跑步，以不同的视角近距离观察这座城市。

跑步时，我遇到一位在街边打网球的男士。他用一根弹力绳来打球，绳子的另一端系着一个混凝土块。因为我喜爱网球，所以我停下脚步观看，随后他向我挥手。

确认他是在和我打招呼之后，我便走过去。他递给我一个网球拍，我们开始了轮流击球。由于球被弹力绳束缚着，它总是会弹回来。我原本以为这个游戏的目的是击败对方，于是便开始加大力度，球也因此总是直接弹回到我这边。当周围聚集了越来越多的人观看时，我突然意识到自己完全误解了这个游戏的真正意图。

这个游戏的目的并非击败对方，而是通过互相击球，寻求双方的合作与平衡，从而培养默契，实现更长时间的对打。这个体验给了我极大的启示：在生活中，我们常常试图压倒或击败他人，却忘了如何与人和谐相处，让生活更加轻松。

我认为，这正是中国文化赋予世界的独特礼物。相较于强调个体，它更强调团队合作的重要性，突出了集体利益高于个体的理念。这段经历和其他40个人生启示一样让我终身难忘，现在能有机会与中国读者分享，我感到非常高兴。60年来，我一直在整理这些故事，希望你们能从中得到启发，避免我曾犯过的错误。愿这本书能丰富你的生活，帮助你穿越人生的灰色地带，并为你的世界带来更多色彩。

2024 年 6 月于佛罗里达

目录

导言　今天，我们为何还要在乎
　　　规则？　　　　　　　　　001
01　一切都是虚无　　　　　　　009
02　文明之声　　　　　　　　　012
03　善良始于底部　　　　　　　016
04　贬低他人并不能抬高自己　　020
05　不要生活在"总有一天的走廊"　024
06　专注可控事物　　　　　　　026
07　多听少说　　　　　　　　　029
08　不要只为球衣加油　　　　　031
09　给自己点时间悲伤　　　　　035
10　奖励自己　　　　　　　　　039
11　感恩生活　　　　　　　　　043
12　没有比较就没有竞争　　　　045
13　GOAT也逃不过五成魔咒　　　049

14	不再追求认可或称赞	051
15	跳自己的舞	054
16	生活从不给你安全感	057
17	一切并非皆有因	059
18	面对死亡	061
19	你不是他人的守护天使	064
20	拥有共同的未来	067
21	无用的内疚	070
22	无请求，不建议——你不能解除与家人的关系	073
23	生命的财富	076
24	你不需要一直赢	079
25	金鱼和大象	082
26	人很有趣	084
27	看看你的 GPS	087
28	去旅行	089
29	艺术与生存	094
30	选择善良	098
31	丰富你的人生	103

32 他人的评判与你无关	107
33 画你心中的曼陀罗	110
34 《圣诞颂歌》	113
35 保持开放	115
36 为帮助他人而来	120
37 为自己发声	123
38 随性而为	128
39 不知道就不知道	131
40 跨越部落与种族	133
后记　四则额外的信条	137
译后记	141

INTRODUCTION

导言

今天,我们为何还要在乎规则?

不论你是否喜欢高尔夫,它所蕴含的传统礼节和规则都极富探讨价值。高尔夫的规则系统严谨高效,它规范了所有球员的行为。违反这些规则可能导致被加罚杆或取消比赛资格,严重时甚至会被请离球场。

我的好朋友是狂热的高尔夫球手,他最近打球时遇到了相当尴尬的情况。排在他前面的一组人在打球时既抽烟又喝酒,而且打球速度极慢,导致我朋友一整个下午都在排队等待。

遇到这种情况,按照高尔夫规则,后面的小组通常可以超越前组先行,但这群人似乎根本不在乎球场上其他人的感受。他们没有注意到,甚至完全忽视我朋友的感受，所以当我朋友请求越过他们时，他们也对此视而不见。

最后，我朋友忍无可忍，决定按照规则越过他们前往下一个洞。当他这样做时，他们似乎不太理解并且感觉到被冒犯，对我朋友大声喊道："你这个人可真没礼貌！"

这真是讽刺，他们竟然会批评别人没有礼貌。如果在其他场合，这样越过他人的行为可能看起来有点儿粗鲁，但在这个场景下，这样做恰巧保证了球场上的每个人都能更好地享受自己的时光。

大多数人可能都不喜欢被告知应该做什么或不应该做什么。但你知道吗？高尔夫球场其实是世界的一个缩影，拥有一套行之有效的管理规则。这套规则全面考虑了球场的每一个细节，适用于球场上的每一个人。也许你会抨击高尔夫不是一项大众运动，又或者会觉得这些规则过于死板，但不管怎样，这些规则有效地保障了所有来到球场的人都能享受公平和乐趣。

这才是关键。虽然有些人可能不愿承认，但当人类共同生活时，确实需要某些行为规范来维持秩序。

想想西方文明中的"十诫"，作为一套长久以来的重要规则，其存在并非没有道理。简单来说，这些社会规则帮助我们和谐相处，它们为那些道德灰区设定了边界，帮助我们避免行为失范，陷入混乱。这些社会规则就像一剂医疗处方，即使不能根除问题，也能缓解病痛。礼仪和规则就是在规定社会行为的边界，设立的目的是减少或预防那些对社会有害或具有破坏性的行为。然而，社会远比球场复杂得多，它需要更多的规则和应对方法，只有根据不同情况选择最适合的对策才能确保社会的和谐发展。

你理解我的意思了吗？日常生活中的规则和礼仪为社会带来了凝聚力，但根据环境和文化的不同，这些规则也可能有所不同。以我为例，我在西方长大，从小就被教导，与人交谈时直视对方的眼睛是礼貌和尊敬的表现。但在一些亚洲或中东文化中，这种做法可能被视为挑衅。再比如在印度，迟到可能是展示个人社会地位的一种重要方式，在这种文化背景下，对于"准时"的理解就有所不同。在某些地区，客人饭后大声打嗝被看作对主人热情款待的赞扬。在美国，公共场合展现亲昵行为是可以接受的，但在一些地区这可能是严格禁止的。

有时候，我们过于专注个人的需求，以至于忽略了我们所处的更大社会的整体需求。在面对与我们有不同传统、行为或思想的人时，始终保持尊重是非常重要的。大部分人的生活都由积极和消极的生活经历以及各种社会关系的互动构成，社会也始终处于不断变化之中。作为社会的一部分，我们也需要不断适应这些文化落差。正如历史上的任何发展时期，我们现在正处于这样一个变革的时代，在探索过程中难免会犯错，但这并不意味着我们只能抱怨社会的分裂。通过分享和交流，我们可以跨越分歧，促进社会以及人与人之间的和谐。因此，我想通过本书分享一些我认为非常有价值的"规则"和启示。

现在你可能会问，作者是谁？凭什么有资格说这是适合我或其他人的规则？我不想这样做。我只是这个时代的一名学生，一个有感之人，经过几十年的学习、观察，创作了反映我们生活的大量故事、剧本和电影。在这段人生经历里，我训练了自己的洞察力，这些洞察带来的思考和行为的变化帮助我应对自己生活中的不确定性，并让我的生活变得越来越有趣。

作为一个以讲故事为职业的人，我非常相信故事的力量，因此，我希望用这样的讲述方式，分享我从生活中体会到的这些启示，希望对其他人也有同样的价值。本书绝不是终点，而更像是一个新起点。想想看，当我们能够更好地承担社会角色并分享生活中的一些想法时，我们都会从中受益，过得更好。而我们也可以在不熟知的思想和习俗中感受到力量，以此唤醒我们对世界的更多新的认知。

当你积极参与到社会文明的讨论中并分享自己的见解时，你就有机会开阔思想，改变看法，并建立更深刻的人际关系，这不仅让你的生活更加丰富多彩和有意义，也同样丰富了他人的生活。正是这种美好的愿景激励我完成了这本书，我希望通过分享自己的经历和想法，为你提供应对生活中的不确定性和压力的新方法，帮助你走向更加快乐、满足和多姿多彩的生活。

本书中的想法，就好比植物的种子会不断生长和变化；同样我们的文化、我们的世界也在不断变化，我们作为个体，只要还在呼吸，就必然会继续变化。本书不包含任何政治、宗教或其他方面的内容。它只是以自己的方式促进思考和讨论，引导人们洞察自己的生活，帮助我们在这个现代社会中找到能够和睦相处的前进道路。

你可能会问：为什么称本书为"小紫书"？

紫色似乎是让生活摆脱沉闷、阴霾，驶离令人痛苦和沮丧的灰色生活的最佳选择。紫色代表着更高层次的意识、内在智慧和远见，象征着权力和力量。在身体的脉轮系统中，紫色也与身体和情感健康相关的能量系统相对应。这正是我希望这本书能带给读者的。本书的目标是帮助我们更舒适地处理自己和他人的关系，从而使我们的生活得到改善。如果你想改变生活的某一方面，不论大小，这些想法都是自由的、可行的，而且完全取决于你是否以及如何选择实施它们。当然，紫色也是我个人最喜欢的颜色。当你将红州和蓝州结合起来，就会得到一个大的紫色州①。

最后，如我母亲伊芙琳·克莱沃宁（Evelyn Krevolin）所说，无论如何，考虑这些想法"不会有坏处"。

---

① 在美国大选期间，支持共和党的州显示为红色，支持民主党的州显示为蓝色，而紫色就是红色和蓝色混合之后呈现的颜色，紫色州也被称为"摇摆州"，意即这个州的选票可能偏向任何一方。——译者注

01
一切都是虚无

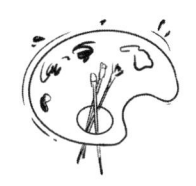

我很幸运与一位非常有名的演员合作了很多年。名气是一个很玄的东西。我们刚认识时,他正当红,每次午餐,都会有人认出他并索要签名。他总是很热情地回应,我忍不住问他,该如何应对这些持续不断的关注。

他看着我笑道:"我的大半生都不出名。虽然我现在很红,但很快就会被人们所遗忘,所以我尽力享受这段有名气的特殊时光。我的偶像是席德·凯撒(Sid Caesar,美国知名喜剧演员)。他曾是美国家喻户晓的喜剧明星,但上周我们外出吃饭时,没有人认出他。看,这一切都不过是转瞬即逝的虚无。当你拥有时,好好享受吧!"

我认为他的观点很有趣,请他再多解释一些。他思考了一会儿,回答说:"好吧,让我们来看看演员的生命周期:

A. 乔(Joe Blow[①])是谁?
B. 找乔来主演我们的下一部电影!
C. 找一个像乔那样的人来演吧。
D. 找一个年轻的乔来。
E. 等一下,乔是谁?"

我欣赏他的智慧和幽默。他从不自以为是,领悟到名望只是虚无的假象,并不会永久持续,所以他选择在拥有时充分享受其中的乐趣。作为一个富有创造力的人,他热爱自己的生活,选择接受而不是怨恨,就像人们去欣赏稍纵即逝的夕阳。他的话让我重新思

---

① Joe Blow 是某一普通男性的代指,在中文语境中类似"张三""李四"。

考：我是如何迷失在，期望某件事情可以成为理想状态并将延续下去的执着之中。

即使我们不是著名演员，这也是一种更深刻地欣赏生活的好方法。如果我们无法改变昨天（或多年前）发生的事情，如果现在——此时此刻——发生的事情会影响我们的未来，我们为什么不专注于当下所拥有的？这样，我们才能活得更充实，而不是活在现在、过去或将来的幻想中。

02
文明之声

一个周六晚上,我在纽约市中心的一家高档酒吧里打发时间。酒吧的老板叫作乔。他是一位传统的意大利裔美国人,六十多岁,曾是海军陆战队员和演员,穿着讲究,举止彬彬有礼,十分绅士。我坐在吧台旁和他聊天。突然,吧台的另一端,一个醉酒的客人开始大声谩骂,打破了酒吧的氛围。所有客人的目光都转向乔,希望他能做点什么。他走过去,礼貌地对那个人说:"先生,请您小声一点儿,好吗?"

那个人粗鲁地回应:"滚开,离我远点!你不能因为我是同性恋就这样对我!"乔并不认识这位客人,对他的性取向更是一无所知。他只是希望这位客人能遵循公共场合的礼仪，不要打扰其他客人。于是，乔再次耐心地说："先生，我无意冒犯，但请您降低声音，可以吗？"

这个人俨然已失去控制，大声尖叫，甚至作势要攻击乔，嘴里不断冒出脏话："闭嘴，你没有权利告诉我该做什么！"面对这种情况，乔只能让两名服务员迅速将他驱出酒吧。

性少数群体（LGBTQ+）曾经长期遭受不公平对待是不争的事实，但这次酒吧事件与性取向无关。如果他因性取向而被要求离开，自然有权抗议。但事实是，他没有遵守公共场合的基本礼仪和文明规范，大声喧哗、扰乱他人，而自己被要求降低音量时，却反应过激，甚至几乎攻击乔，造成公共秩序混乱。乔和其他人从未对他的性取向作不当评论，仅仅希望维护公共场合的秩序。在公共场合，尊重他人与遵守公共礼仪是文明社会成员的基本美德。乔出于礼貌提出要求，却遭遇无理对待。如果那个人道歉或降低声音，本可避免不快，但他的拒绝不仅让自己显得无理，也让在场的所有人感到不适。

假设角色互换，乔在公共场合也表现出不文明行为，并在被要求离开或改正时声称自己作为意大利裔美国人拥有某些权利，结论仍然相同。我们每个人都带有不同的社会标签，享有相等的权利，但这并非问题的核心。关键在于，无论身份如何，我们作为社会中的一员，都应遵守文明规范，礼貌相待，尊重他人。

政府文明学院（The Institute for Civility in Government）的创始人托马斯·斯帕斯（Tomas Spath）和卡桑德拉·达恩克（Cassandra Dahnke）将文明定义为"在不贬低他人的前提下，主张和关心自己的身份、需求和信仰"。我们是否应该再重新思考一下什么是文明？如今，我们似乎很少再提及这一概念，但现在，或许是将"文明"重新纳入我们生活的契机。目睹了酒吧事件后，我想到文明在生活中的重要性，尤其是在更加多元和现代的大都市，不同的观点和意见每天都在交锋、碰撞，缺乏文明的互动只会加剧社会的分裂和破坏和谐共处。因此，重视并实践文明的行为对于维护社会稳定和个人幸福变得至关重要。

让我们反思和重申文明的价值,看看它是否会让生活变得更和谐。

03
善良始于底部

"善良始于底部"是我朋友的母亲在临终前说的最后一句话。

这句话似乎意味深长,特别是想到说此话时的场景。

最初他告诉我时,我无法理解这句话到底意味着什么。"底部"是指什么?为什么她要选择在临终前说这句话?

我认真思考,试图弄清楚她的意思。最终,我更喜欢这样去解读。底部,它是最基本、最根本的部分,它是建立基础的地方,可以支持我们生活中的各个层级、各个方面,一切都从这里开始。一旦我们回归到核心本质，就会看到善良的重要性，而它恰恰是从最底层、最原始的动机开始的。如果我们将善良作为行为和选择的基准，我们就可以建立/加强它，并用它来提升自己和他人。

生活中我们的很多行为都带有交易性质，你帮助我，我回报你。如在后面"选择善良"章节所说，我相信真正的善良是不需要交易的。它应该是真实的，来自内心深处。朋友母亲的一生都遵循两条戒律——服务和灵性。作为一位拉比①的妻子，她认为真正的宗教有时会发生在寺庙或教堂之外。我感激她在无私奉献一生后分享的观点。善良是每一个人都可以在生活中践行的品质。它既有益于他人，也让自己感到愉悦。它从最"底部"开始，是我们可以用来提升整个世界最坚实的基础。

下次当你感到低落或处于人生低谷时，从善良开始——首先从自己开始，然后将善意传递给更多人。（请注意，善良无比重要，我在本书中用了三个章节诠

---

① 拉比是犹太人中的一个特别阶层，是老师也是智者的象征。

释它的三个不同方面。这一章不仅是关于善良和行善的讨论,还聚焦于真善之源。)

最后,我想以热门音乐剧《来自远方》(Come From Away)的故事作为结尾。这部剧是基于"9·11"事件①后发生在纽芬兰小镇的真实事件而创作的。当时由于美国暂时关闭机场,许多飞机都被迫降落在加拿大纽芬兰甘德国际机场,邻近的城镇居民,包括正在罢工的公交车司机,都放下分歧,齐心协力,加班加点,为7 000多名不期而至的访客(小镇人口约为10 000人)筹备和分发食物、毯子、尿布、住所等。飞机滞留期间,纽芬兰人民连续数天无私奉献了自己的时间、物品和善意。特别值得赞扬的是,在那个充满不信任和恐惧的时期,他们团结起来,确保滞留在那里的数千人感到舒适并受到善待。这种善举表现出他们的善良和人道主义精神。最终,对于小镇的所有居民和那些滞留在纽芬兰的乘客来说,在他们最糟糕

---

① "9·11"事件是2001年9月11日发生在美国的有组织的恐怖袭击事件。

的日子里,正是这发自内心最底部的善良,改变了许多人的生活。

04
贬低他人并不能抬高自己

遗憾的是,发生在乔酒吧里的事并不罕见。有时,我们会将自己内心的不安、愤怒和焦虑发泄到别人身上,以缓解自己的不适。这种消极的处事态度往往比积极容易得多。我用自身经历来解释一下。

小时候,我们一家去拜访朋友,回家的路上我们总会在车上议论他人。比如有人会说:"你看到某某了吗?我觉得他胖了很多。"

我接着说:"你敢相信他居然那样说总统?"

接着,另一个人插话:"天哪!你留意他的鞋子了吗?真不可思议,他们竟然喜欢墙上的那幅新画?"

"还有,你尝那些像石头一样的饼干了吗?他们是怎么吃下去的呢?"

在我们家,这种聊天方式很常见,我一直以为别人家也是这样。后来,我才知道并不是所有的家庭都这样。当然,这种方式或许也并不健康。在某种程度上,我曾认为这会让我们自我感觉更好,但到头来,评论他人总是让我感到更糟。随着年龄的增长,我意识到我需要改掉这种习惯。

我现在有意识地不去评论别人,虽然有时这很难,但我觉得这对我和我的人际关系都更有益。少点儿评头论足能更好地维持人际关系。减少关注消极的、不喜欢的,更专注于保持与人的纽带,这不仅能让人更开心,还能避免因为关系疏远而可能出现的心理、情感和身体问题。

毕竟,每个人都会做出评判(这是一种原始的本能,尤其是在很久以前,人类需要时刻警惕周围的环境才能生存下去),但关键在于我们如何对待这种行为,以及我们是否相信它被赋予的意义,这才是区别所在。我想其他人也会欣赏我有这样的品格。将自己与他人比较,可以了解彼此之间的差异和共同的价值观,这是有意义的;但如果他人的生活方式或者处理问题的方法与我们截然不同,我们完全可以用更加友善和开放的态度去看待这一切。当然,如果他们的行为对我们造成了伤害,那是另一回事,但大多数情况下,他人的行为并不会对我们的生活造成任何影响,因此,我们完全可以不用在意。包容和不挑剔的态度可以改变你与他人的互动方式,从而进一步影响他们如何对待你——为所有人都多打开一扇窗。

我听过关于演员马伊姆·拜力克(Mayim Bialik,她在《生活大爆炸》中扮演艾米·法拉·福勒)的一个故事。她在片场工作时,每当有人开始议论其他演员时,她都会非常礼貌地回避。某天,一位演员问她为什么总是这样做。她回答说,作为一名犹太教徒不能说任何人的闲话,所以她选择置身事外。我很喜欢这个故事。她没有对自己的同事进行评价,尽管他们的行为似乎表现出他们更优越,但她只是选择保持礼貌,保护自己,避免参与她希望回避的行为。

如果我们都能克制自己八卦和贬低他人,尤其是当我们不了解他人的经历和内心世界时,会怎么样呢?当然,聊八卦很有趣,它还能帮助我们与他人建立联系,但代价是什么?贬低他人真的能让我们自我感觉良好吗?还是只让自己感觉没有被排斥或孤立?如果下次再遇到这种情况,你是否可以选择换一个话题,或者效仿马伊姆·拜力克的处理方式礼貌地离开?静下心来想想,假设你是那个被说闲话的人,你会作何感想?如果你选择为被说闲话的人(他多数不在场,也无法为自己辩护)辩护,那会是什么感觉?这是一种让自己感到更好而不是更糟的方法——用你话语的力量来表现你的善意。

05
不要生活在"总有一天的走廊"

很多人都有一个习惯,以未来为出发点来思考生活。比如,"总有一天我会去做那件事"或"总有一天我会去那里旅行"。这就是我所说的"总有一天的走廊"。是的,这是一个非常容易迷失的地方,但我们不能在那里停留太久,更不能让自己在那里停下来。毕竟,生命飞逝如箭。正如本杰明·富兰克林的经典名言:"你可以拖延,但时间从不会。"

我们都听说过这样的人或故事。高中时,我有一位数学老师,她看起来并不开心。她体重超标,不停地吸烟,很少会笑。我不知道她是否有自己的梦想,但显然她的梦想绝不是做35年的数学教师。她每天都在数日子,期盼着她的退休生活。然而在退休的第一年,她就被诊断出癌症晚期,不久便离世了。

这个故事的悲剧性显而易见,但我现在要请你再深入思考一下。我认为真正的悲剧是她已经在"总有一天的走廊"生活了三十多年!如果她能享受自己作为一名教师的时光,尽情拥抱她已经拥有的生活,或者在教书的同时努力探索自己的其他爱好,让自己的日子更加充实和快乐。虽然她的离世仍是不幸的,但我认为不会像现在这样成为一个悲剧。

尽管我们很难控制自己的生活环境,但我们可以选择如何面对和回应生活的每个方面。选择权一直在自己手中。现在,请你主动走出"总有一天的走廊",置身于今天和当下。

回想一下,你是否曾经因为拖延某事,而错过了最好的时机?这很容易发生,但如果你选择活在当下,此时此刻,不再找各种借口去拖延或至少从今天开始,你可能会发现更多好事开始降临到你的身边。

06
专注可控事物

安·拉莫特(Anne LaMott)的《一只鸟接着一只鸟》(*Bird by Bird*)是我最喜欢的写作类书籍。书名源自该书中的一个故事。故事里,小小安要完成一项将各种鸟分类的作业,她不知如何下手,感到不堪重负,决定放弃。当她向父亲表达自己的沮丧和无助时,她的父亲对她说:"别担心,孩子,我们就一只一只地来整理这些鸟。"

我最近搬到了美国的另一边,也面临了类似的困境。我在之前的那幢房子里生活了20年,想在新业主搬进来前清理掉所有东西看起来根本不可能。我为此抓狂,几乎放弃,毕竟东西实在是太多了。幸运的是,一位朋友建议说:"今天我们就只清理浴室,从这里开始,好吧?"

当然,她是对的。你不能一次性清理完整幢房子。你需要逐个房间地进行(逐只鸟,逐步来做),这样更容易完成。专注于你可以控制的事情——只有那些你可以控制的事情——可以带来巨大的改变!即使是本书中的40个观点,你也不可能一次性落实,然后期待着一切会在瞬间变得更好。但如果你只是基于这一刻可以做(或控制)的事情做出选择,你就开始了通向"可能"的旅程。

确实,许多人都爱担心和焦虑。但如果你总是为无法控制的事情而焦虑,那完全是杞人忧天。下次,当你想做或需要做某事,但又不知所措或觉得事情超出了你的控制时,停下来思考一下,这是我有能力改变的吗?如果是的话,就一步步地去做你能控制的事情。如果超出你的掌控范围,就停止担心。反正你也无能为力,担心也并不能让你更快地实现目标。事实上,还可能适得其反,因为它耗尽了你本该花在实现目标或寻找解决问题的办法所需的精力。

这听起来很简单，事实也的确如此。与本书中的其他观点不同，这个办法也非常简单！对我来说，这意味着从沙发上立刻站起来，开始打包，做好时间计划，直到全部完成。最终，屋子的新主人如期搬进了整洁的新家，而我也带着全部家当搬进了新居所，我现在非常开心。

当你发现自己正处于一个无法选择结果的困境中时，记住，你依旧可以选择你应对困境的态度和方法——这将重新塑造你的处境。把注意力放在你可以改变的事情上，谁知道命运的齿轮是不是在此刻就已经转动了呢？从忧虑者变成战士吧！

07
多听少说

这个观点简单明了。你可能也听过类似的说法,我们有两只耳朵和一张嘴,所以应该多花时间倾听而不是多说话。然而,你最后一次觉得自己真正被倾听是什么时候呢?

很多时候,当我们"听别人说话"的时候,实际上是在考虑下一句要说什么。是的,大多数人喜欢说话。有些人还喜欢说很多。毕竟,这是我们与他人分享信息和交流的方式。但我们往往没有真正倾听彼此,这意味着我们停留在自己的故事中,失去了建立深度理解和连接的机会。正如"共情式倾听"创始人吉恩·克努德森·霍夫曼(Gene Knudsen Hoffman)所说:

"敌人是那些我们没有认真听过他们故事的人。"

因此,刻意练习多听少说是一个不错的主意。我确信你会为自己这样做而感到高兴。

话不多说啦!

08
不要只为球衣加油

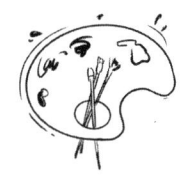

在喜剧演员杰瑞·塞茨菲尔德（Jerry Seinfeld）的一次喜剧表演中，他谈到当我们忠诚于一支体育队，年复一年地为同一支球队加油助威时，实际上我们只是在为一件特定的球衣欢呼。他接着提到，当一名运动员在你最喜欢的球队效力时，你热爱他，但如果他签约到另一家俱乐部，第二年穿上其他队的球衣时，你往往会不再喜欢他，甚至反对他。尽管是同一个人，但仅仅因为穿着不同的队服，曾经崇拜他的球迷也会向他喝倒彩。我们支持的只是球衣吗？

我一直喜欢这个段子，且认为它非常有哲理。你不妨也想一想。我以自己为例。我从出生的那一刻起就被培养成纽约巨人队的球迷。我的父亲灌输给我这样的信仰,即只有巨人队值得喝彩。从出生开始,只要我不想被赶出家门,就别无选择。每个星期日,我都会为巨人队加油。当他们赛季表现糟糕时,我必须保持忠实球迷的身份,坚持信仰。令人惊讶的是,在过去的几十年里,除了少数的几个赛季,巨人队确实进入了超级碗,但更多时候,他们的表现都相当糟糕。多年来,我们全家总是为此反复祈盼着"明年会更好!明年,我们将参加超级碗"。而如今,我对他们的输赢不再那么关心,所以我猜你会说我已经不再全心全意地支持这支大蓝队了(纽约巨人队的球衣是蓝色的)。

以上这些都是为了解释一切都只是构建的一种表现方式。喜剧演员金·凯瑞(Jim Carrey)在被问及他是不是加拿大人时也表达过类似观点。他回答说,是的,他出生在加拿大,但这难道不是一种虚构吗?难道不是因为有一天某些人在地图上画了分界线,然后其他人都表示同意,于是线那边的人是美国人,而线这边的人就变成了加拿大人。同样的道理也适用于美国各个州。你站在罗德岛那边,我站在康涅狄格州这边,我们一致认为用这样的名字来命名这些土地相当完美,对吗?

赛茨菲尔德、凯瑞和所有优秀的喜剧演员一样,善于观察每个人都在经历的事情,甚至是那些被视为理所当然的事情。然后,他们捕捉到一些东西,坚守着强烈的激情,用一种幽默的方式看待问题,并通过自己的表演来引发观众思考和关注,让我们可以更深刻地审视生活、思维和习惯。这种基于社会对某人原始想法的信任而构建出的观点,不仅出现在喜剧演员的表演里,还贯穿于整个文化之中。

以美国货币背后的金本位制为例。曾经,你可以拿着一张一美元的钞票去美国财政部说:"我要求你用一美元的黄金兑换这张钞票。"这就是金本位制,最初用于赋予美国货币合法性。对于像我这样的商人来说,要接受一张绿色的纸币能够换得一份真正有价值的东西,比如火腿三明治,我需要相信那张绿色的纸币代表着有形且有价值的东西——黄金!

然而,1933年6月5日,美国政府取消了金本位制，突然之间，美元背后的唯一支持就是我们对美国法定货币的合法性以及发行它的美国财政部的信任。如今，加密货币的崛起也是类似的情况。只要有足够多的人相信加密货币作为一种货币的合法性，它就会有价值，但如果政府宣布它非法，人们拒绝承认它，它就会顷刻失去所有价值。

因此，读者朋友们，只有达成共同的信仰和彼此的信任才是最重要的。

最后要说的是，其中一些构建实际上被制定成法律，即使是法律也可以改变。在19世纪，妇女没有投票权，但到了1920年，法律改变了，她们突然成了选民！

不管你怎么看待，无论是谈论体育队、国界、金本位制还是选举权，这都只是我们一致认可的构建表现形式，它们决定了我们的身份以及我们彼此如何相处。如果你愿意成为社会的一部分，那么你自然也同意遵循社会的构建。因此，你可以在本赛季去支持或反对纽约巨人队，但请记住，从根本上，你只是在为一些蓝色和红色的球衣加油而已！

09
给自己点时间悲伤

我们生活在价值观是以幸福为首位的社会。美国疾病控制与预防中心（CDC）最近表示，美国正在经历一种孤独流行病，英国还任命了一位"孤独大臣"（Minister for Loneliness）。此外，截至目前，美国焦虑和抑郁协会（Anxiety and Depression Association of America）在其网站（https://adaa.org）上报告称，每年有超过4 000万美国人罹患焦虑症，而全球有超过2.5亿人患有抑郁症。很多人总是认为无论自己多么悲伤，都应该装出愉快的面孔来面对他人。可问题不在于努力追求快乐，而在于忽视或不尊重当下的悲伤情感。你无力改变你假装不存在或不愿面对的事情。只有当一个人能够坦然面对自己的悲伤（还有其他情感，但本章主要讨论悲伤，因为它是经常被忽视或轻视的情感）时，才能够逐渐克服它，最终回到更好的状态。

（顺便说一句：我这里提到的悲伤程度，不是指患有严重抑郁症或焦虑症的人，尤其是病情长期未改善者，建议该类人群咨询医生或心理治疗师等专业人士。）

《给青年诗人的信》（*Letters to a Young Poet*）是关于此类问题的经典书信体小说，也是我最喜欢的书之一。作者是奥地利著名诗人赖内·马利亚·里尔克（Rainer Maria Rilke），他的一生都在与抑郁症积极抗争。这本书汇集了他写给另一位有抱负、陷入困境的年轻诗人的10封信。透过他们的文字，我意识到这不仅是一本关于诗歌创作的指导书，更是写给任何在生活中遇到困难需要指引的人。这是一本关于如何找到人生意义的书。只有那些深刻思考过生命意义的人才能写出这样的文字。

作为一名诗人，里尔克将他的一生奉献给了这些问题，而他在这些信中提供的答案是深刻的。我最喜欢的一封信中，他谈到了沮丧和悲伤的必要性。他认为，只有经历了真正的悲伤，与之相处，我们有朝一日才能在生活中找到真正的幸福和意义。因此，里尔克敦促那位年轻的诗人朋友，不要回避悲伤，而是要拥抱它，以便经历悲伤并战胜它，明白悲伤不会永远持续下去。这就是他的答案，他的解决方案，也是他最好的建议。

俗话说："越是抗拒的东西越是无法轻易摆脱。"与其忽视或否认那些让你感到不舒服的情感，不如勇敢地面对它们，深入探究你的悲伤（以及其他情感）。也许这会改变你的生活，但只有当悲伤得以转化时，你才不会陷入其中，也不会因为这些情感再次袭来而感到措手不及。这并不需要太多的时间（再次强调，简单并不意味着容易）。例如你可以选择畅快地哭一场，与信任的朋友倾诉，写下你的感受，或者在跑步或锻炼时思考悲伤的原因……处理情感的方式多种多样。

尽管我无法改变父亲去世的事实，悲伤也没有很快消失。每当悲伤袭来时，我都会写下关于他的文字，有时眼泪也会不受控制地流下来；我任由情感自然释放，直到心情恢复平静。随着时间的推移，悲伤逐渐减轻，父亲的离世不再让我感到不堪重负。这个过程就像在花园里拔除杂草，清理后为新的生命腾出了空间。

有人说悲伤就像海浪一样波涛汹涌。当悲伤袭来时，不必抵抗，不要视而不见，更不要回避，而是随浪飘荡，坚信它终会带你流向更美好的彼岸。

10
奖励自己

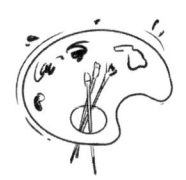

我们讨论了"拥抱"悲伤对于拥有完整生命的重要性。而同样重要的是要为你的生活喝彩。

如前一章所提到的,你所感到的悲伤只是短暂的,而在生命长河的起伏中,你将有能力走出来。(这可能需要处方药物、锻炼、减压练习等辅助。)在这一章中,我想探讨的是如何走出悲伤,花时间和精力去庆祝生活中的点滴和重要时刻,奖励自己。我解释给你听。

我还记得若干年前,我投入了数年心血并为之骄傲的一部戏剧,在首演之夜遭到了评论家的严厉批评,几乎惨败。10年的辛勤工作在一个夜晚全盘皆输。戏剧公映后的几周，我无法走出阴霾，感觉自己再也无法拿起笔，也没有人愿意相信我能写出好的故事。我的编剧生涯才刚刚开始就草草收场。那段日子被阴霾笼罩，非常难熬。我无法独自面对悲伤，于是联系了一位作家朋友，向他寻求建议。

他问我最喜欢的餐厅名字。

我告诉他，然后有点儿生气地质问："这跟我现在的窘境有什么关系？"

他回答说："去那里，享受一顿美味的大餐，找一个理由庆祝你的生活。"

我非常震惊。他到底有没有在听我说话？我怎么能去庆祝我的生活？评论家把我批评得体无完肤，我就是一个失败者！我的戏剧生涯已经完蛋了。我多年的辛苦和努力都在一瞬间化为乌有。我还有什么值得庆祝的？

他笑了笑，坚持自己的建议——出去走一走，品尝一顿美味的大餐，尽情享受，让自己开心。善待自己，你会发现你的情绪会跟着变好，这会让你明白什么是"塞翁失马，焉知非福"。太阳会照常升起，新的一天也会准时到来。虽然我仍然感到沮丧,但还是接受了他的建议,不过事实证明这非常明智。生活会继续前行,我们总是能找到庆祝的理由。

你的情绪决定了你的状态,因此,即使正在经历艰难的时刻(事后亦然),也不要忘记还是可以通过庆祝生活中的闪光点来犒劳和重振自己。这会让你洞察全局,看到这并非世界末日。生活中总会有起伏,而你依旧活得很好。你可以陷入悲伤无法自拔,也可以寻找值得庆祝的事情。再次强调,尽管选择可能受限——毕竟,我当初希望这部戏剧大获成功——但你仍然可以选择看待这种情况的态度,找到应对方法。

当事情不如预期时,你可以沮丧,但也别忘了找一个理由庆祝。比如为刚才的散步欢呼一下(毕竟你很关心自己的健康),或者为听到鸟儿唱歌欢呼一下(大自然真是多姿多彩、美不胜收)。深呼吸,感受新鲜空气,或者回想刚刚吃过的美味午餐。只要意识到自己还活着,就好好庆祝吧!尊重自己的生命,你会发现这种愉悦的感觉会让你更加积极,并且也将成为一种健康习惯。

内心塑造真我！花时间庆祝，珍惜你自己和你的生活。当你承认并欣赏你所喜爱的事物时，这不仅能够唤起你对生活的乐趣，还有助于培养你应对压力的坚韧心态。

11
感恩生活

我想在本章进一步诠释庆祝的重要性以及如何加深其影响。我给你讲另一个小故事。

在我举办婚礼前,一位朋友告诉我,婚礼当天时间会过得飞快,他建议我在大喜之日,当所有人都在欢笑、跳舞、尽情庆祝的时候,一定要停下来,用心感受那一刻的情感。我牢记在心。婚礼当天,我多次停下来,环顾四周,凝视着亲朋好友,感恩能够与他们共同分享这个特殊的时刻,打造这份珍贵的回忆。许多年后,我深感庆幸自己听从了这个建议,因为婚礼结束得很快,但那天留下的美好回忆和对一切的感恩之情一直被我珍藏在心中。

我觉得这个建议不仅适用于婚礼,还适用于生活中的点点滴滴。生活中的每一天,不论是独处,还是与朋友、家人一起,都该抽点时间来感恩生活。此刻,如果有一件事情让生活变得更美好,不要犹豫,不要害羞,去感恩它。因为这就是最美好的时刻,而这一刻也构成了生活,简单地承认它、享受它、感激它、吸纳它,然后真诚地表达你对这一切的特别感受,承认自己拥有这段经历是多么幸运。如果你这样做了,留心观察,因为研究表明,感恩可以增进人际关系,减轻压力,使你感觉更好,让你对世界、自己和他人充满更乐观、更积极的态度。

最后,坚持如此,一遍又一遍,直到感恩成为生活中不可或缺的部分。

12
没有比较就没有竞争

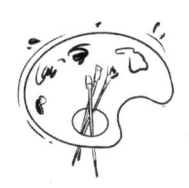

在阴阳对立的生活中,人们会很自然地把自己和别人进行比较,有时这种比较甚至能够激发动力。但最好不要这样做。为什么呢?因为世界上只有一个你。你的人生道路是独一无二的。将自己的生命旅程与别人比较是不切实际的,甚至可能会带来失望和挫败,浪费宝贵的时间和精力。

我在耶鲁大学读大四的时候深刻地领悟到了这个道理。那时,我选修了一门戏剧写作课,这彻底改变了我的生活。我发现自己对写作如痴如醉,文字如涓涓细流般从笔尖流出,我甚至可以彻夜不眠地连续创作。我意识到这就是我的人生使命。

班上还有另一位有天赋、才华横溢的年轻人。我们一起申请加州大学洛杉矶分校（UCLA）电影学院的编剧课程，而且都被录取了。当时这个专业每年只招收12名学生，这对每一位录取人员而言都是极大的荣誉。我们顺利从耶鲁大学毕业，然后一起搬到洛杉矶，开始了研究生的课程，每天都在努力精进自己的写作技能。然而，与我不同的是，他很快就遇到了一位经纪人，并在短短几个月内被聘为电视剧《干杯酒吧》（Cheers）的特约编剧。

不久后，他退学了，全职加入《干杯酒吧》的编剧团队。那是一个互联网还没有普及的年代，《干杯酒吧》是全美收视率第一的情景喜剧，这绝对是非常了不起的成就！至少在我看来，他是一夜之间从行业新秀一跃而上，达到了成功的巅峰。

一天，他邀请我去参观他执笔编写的一集拍摄现场。我欣然答应，而且永生难忘。那天，他坐在导演椅上，我坐在一旁的角落里，羡慕地看着台上的演员们说出他创作的台词。然后他回过头，看着我微笑。

天呀！我简直嫉妒得要命，内心完全被撕裂！你看，我就这样把我们的友情变成了一种竞争。明明我们出发点相同，也走过相似的旅程，可他怎么能比我更快地冲向终点呢？我也渴望达到那个高度，却没有十足的把握，而他已经在好莱坞取得了巨大的成功。我为此感到不安和愤怒，甚至在心里祈祷他失败，这让我觉得自己简直卑鄙不堪。在接下来的两年里，他一直在为那个节目努力工作，而我却陷入了困境，自责不已。随着岁月的流逝，我们渐渐失去了联系，我们的友情也随之瓦解。

那么，我的这种做法到底带来了什么呢？实际上，除了浪费大量的时间让自己苦恼，以及对他产生怨恨和嫉妒，并没有什么其他收获。这种比较并没有激励我成功，也没有让我成为更好的人；唯一的收获就是明白生活并不是一场竞赛，自暴自弃只会伤害自己。当然，在某些领域（比如体育竞技）竞争是不可或缺的，这种竞争感还可能会激励一些人更加努力，创造出奇迹，但在生活中并非如此。

每个人都有自己的人生道路（毕竟，世界上只有一个你，没有人能复制你的独特之处），虽然我们可能希望这条路通畅笔直,但通常情况下,它更像是一条崎岖的探险之旅。我们要拥抱这条颠簸而曲折的道路,因为那才是你独一无二的冒险之旅。一旦你这么做,不但不会浪费时间拿自己和别人比较,还会更加享受自己的人生,也会因此更快乐、更健康,收获更多真实的情谊。

拿自己和别人比较只会让你感到糟糕,产生负面情绪,浪费了本可以创造美好的时间。这有何意义呢?最后,如果你真的想比较,那就和自己竞争吧,这样你才能不断提升和改善自己的生活!

13
GOAT 也逃不过五成魔咒

泰德·威廉斯（Ted Williams）被誉为有史以来最伟大的棒球运动员，因此很多人叫他"GOAT"（"永远最伟大"的首字母，即 Greatest Of All Times）。在他职业生涯的巅峰时期，他曾创造了 0.407 的最高击球率记录，至今无人能够超越。0.407 的平均击球率意味着每当他上场击球时，10 次中有 4 次他能够成功击中。

换句话说，即使是这位最伟大的击球手，仍然有一半以上的概率未成功击中球。

这再次证明，顶级运动员也无法每次都做到完美。

这个事实告诉我们一个简单而重要的道理——善

待自己，多一些耐心。我们都会失败，有时甚至失败多次，这是很常见的。失败有助于我们学习和进步。实际上，比起失败，如何应对失败才是决定未来的关键。

即使是那些以自己热爱之事为工作的人，也会有不少时间是在处理自己不喜欢的事情。我喜欢写作、绘画、打高尔夫、打网球，但我依然会因为在比赛中失利或无法售出自己的作品而感到沮丧。纵然在你擅长的领域取得一些成绩后，也不可能一帆风顺，失败依然会发生，所以你需要保持坚定的信心，全身心投入你所热爱的事业中。

无论在哪个领域，我们都不可能百分之百地取得成功。生活中总会有一些不尽如人意的时刻。如果能在取得成功时庆祝（并感激为之付出的努力），同时从失败中吸取教训，将一切都看作生命旅程的一部分，那么你的生活会有什么不同呢？毕竟，只要你在10次尝试中成功了4次，就已经和最伟大的棒球手一样出色。

14
不再追求认可或称赞

我渐渐领悟到,最好的做法是出于纯粹的善意行善,不去追求认可或称赞。就像你不会指望宠物狗吃完狗粮后说声谢谢一样。有时候,我们都会陷入自我中心的陷阱中,而这正是需要克服的人性弱点。如果你想做好事,就去做吧,然后享受由此带来的内心愉悦,而不是期待外界的认可。如果你的初衷是单纯的善意,那么外界的反应并不重要;如果最终可以得到外界的认可,那就把它当作锦上添花。

我的一位大学同学毕业后在能源行业赚了大钱。他家境殷实,每年12月都会准备50张100美元的钞票去一家大型折扣店。他会低调地在货架间游走,寻找那些没有能力给亲人购买节日礼物的人。他说他总能辨别出真正需要帮助的人。他隐身在商店中，找到他们，然后悄悄走过去，递给他们100美元作为礼物。他这样做没有任何企图，甚至从不暴露自己的名字，也不会要求别人感谢他。他只是纯粹地给予，看到自己用一个简单的举动改变他人的生活，带给别人幸福，这让他很快乐。

我要强调一下，给予钱财并不是做善事的唯一方式，你还可以通过做义工，陪伴孤寡老人，给快递员、朋友、爱人留下亲切的便签表达感谢，或者在网络上发表积极的评论等方式帮助有需要的人。

有时候，一个善意的举动甚至会改变一个人的一生。美国哥伦比亚广播公司（Columbia Broadcasting System, CBS）的首位女主持人——女演员卡洛尔·伯纳特（Carol Burnett）曾讲过她在大学参加歌剧研习会的故事。她的教授邀请学生们去参加圣地亚哥的一个晚会现场演出，并根据表现评分。她表演了《飞燕金枪》（*Annie Get Your Gun*）中的一个片段，之后她正准备偷偷拿些小吃带回家给奶奶时，有人拍了拍她的肩膀。她转过身，一对穿着很华丽的夫妇向她问好。那位先生对她的表演给予肯定，并问她之后的打算。她说自己想去纽约演戏。他接着问她还没去的原因。她窘迫地回答因为还没有攒够钱。那位先生欣赏她的才华，提出愿意无息借钱给她，并写了一张1000美元的支票给她（当时她的房租大约是每月30美元）。他唯一的要求是她要用这笔钱推动自己的梦想，5年内还清，但她要保守这个秘密，并承诺如果她成功了，要继续去帮助其他人。多年后，她成为知名演员，在好莱坞取得了巨大成就。当她再次和这对夫妇共进午餐时，那位夫人告诉她，她的先生从未向任何一位朋友提起他们之间的约定。因为曾经也有人这样帮助过他，他不过是在自己成功之后，将这份善意延续下去。最完美的给予可以改变生活，并激发更多给予。

我相信你可以想出更多给予或回馈的方法，包括成为一个善于向他人表示感谢的人。试试其中的一两个方法，怀着纯粹的善意，不需要任何回应，看看是否有奇迹发生。

15
跳自己的舞

我永远不会忘记大学时那场特别的即兴舞会。当时,我在新罕布什尔州参与一位总统候选人的竞选筹备活动。整个周末,我们和来自新英格兰各地的大学生一同努力工作,希望能够争取当地选民的支持。

事与愿违,我们的努力没能影响当地人的态度,结果还是输了。但竞选委员会十分认可大家的付出,决定举办一场即兴派对。于是,推开桌椅,打开录音机(那是 20 世纪 80 年代),一场小小的舞会就开始了!

伴随着音乐声和啤酒带来的刺激,大家很快沉浸其中。只有我和朋友像书呆子一样傻站着。舞池里那些人疯狂地摇摆着自己的身体,有些动作甚至很滑稽,但显然大家都很开心。似乎没有人在乎自己跳得好不好,有没有跟上节拍,只是尽情地享乐。我忍不住翻了个白眼儿,看看我的朋友。他转过头说:"怎么了?我们也去跳舞吧。开心点儿。"

我摇摇头说:"我不会跳舞。身体很僵硬,跳起来很丑。"

他笑着说:"你觉得这里谁又是专业的舞者呢?"

"没人是。"我回答道。

朋友试图说服我,但我还是做不到,我太在乎自己的表现。这很傻,但那时我年轻且虚荣,非常在意别人如何看待我。要知道,那是在智能手机和社交媒体出现之前,没有朋友圈,也没有直播,所以除了现场,根本没有人会知道这件事,但我仍然拒绝去跳舞。

很多年后,我常常回想那次舞会,为当时自己的行为感到可惜。因为顾虑别人的眼光,我错过了一段美好的时光。我没有花时间去感受那里的快乐,相反,却把时间浪费在让自己痛苦上。多么可笑啊!希望今天的我能做出不一样的选择。

我们经常会听到关于如何快乐生活的建议,我最认同的说法是"像没人看一样跳舞"。因为在现实中，多数人其实并不关心你怎么生活，他们只关注自己的表现。即使有人在乎，那也只代表他们的看法，不必在意，我们只需要好好享受自己的生活。

最后，尽量少去在乎别人对你的评价，因为这只会侵占你享受生活的时间和精力。这很难，但如果可以做到，你将不再被负面情绪纠缠，而是有更多时间去发现生活的美好。毫无疑问，这将提高你的幸福指数。

16
生活从不给你安全感

我明白我们需要一个安全的空间,在那里我们可以自由地呼吸,获得灵感,尤其是在当下这个看似分裂和敌对的时刻。我理解人类试图创造安全空间以远离伤害的美好愿望,但生命的本质决定了根本不存在这样一个安全的空间。没有人能够完全避免痛苦,也没有人能够永生。世界充满了各种威胁:病毒、自然灾害、癌症、分手等,它们可能随时降临在我们身上。试图让自己相信可以避免每一种痛苦和伤害,是愚蠢至极的想法。

新冠大流行让我更加深刻地认识到这一点。我的邻居是一位亚美尼亚人,他是一位心理治疗师,他和他的家人都是亚美尼亚大屠杀的幸存者。疫情来临，世界似乎失去了控制。我问他对正在发生的事情有何看法。他平静地告诉我，对他来说，什么都没有改变。他仍然每周工作 4 天，每天 8 小时，他不太相信网络会诊，尽心尽力地为前来看病的人提供服务。

我有点儿震惊，问道："等等，难道新冠大流行没有影响你的生活吗？"

他微笑着回答："我相信大多数美国人的一生都生活在迪士尼乐园般的环境里，所以现在突然发生的变化必然让他们震惊。但对于我来说，我一直将这里的生活视为迪士尼童话。这样的生活有点儿不真实。因此，这些对我影响不大。当你的起点是充满仇恨和种族大屠杀的世界时，其他一切都相形见绌。因此，和很多美国人相比，这些所谓的社会变化并没有让我感到不安，我接受起来容易得多。当然，我会戴口罩并采取必要的预防措施，但我仍然会亲自面见我的病人，为他们服务。"

他的观点让我意识到，如果不再追求生活中存在绝对安全空间的幻想，认清现实，我们就能更从容地应对生命里不可避免的起伏，不是吗？

17
一切并非皆有因

"一切皆有因"这样的想法令人欣慰。很多事情的发生确实有其原因。但当一个孩子患上绝症或年轻的父母突然离世时,就很难找到悲剧的原因。在这种情况下,坚信一切皆有原因的说法似乎不太适用,听起来就像陈词滥调。我认为更合适的观点是:有时事情的发生有原因,有时则没有。但无论如何,都没关系。生活是一个不断变化的过程。

我们渴望理解和掌握生活中那些看似随机发生的事件。事件毫无缘由地发生让人难以接受。因此,认为"一切皆有因"的观点有助于我们更好地应对生活中的种种挑战,让我们感觉好一些。

如果你能够找到事件背后的原因，而且这个原因合理且令人信服，那真是太好了！但如果你找不到让自己满意的解释，也没关系。相信我，事情并非总有原因。特别是当负面的事情发生时，试图理解其中的缘由可能会令人非常困扰，让人更难应对事件本身带来的挑战。

希望你能牢记这一点，并且愿意仔细思考它的内涵。如果将来发生了不顺心的事，让你感到无助和痛苦，又一时找不到原因，你能回想起它。换句话说，终有一天你会理解事情的原因，并从中获取人生智慧，但无论如何，它都是生命中不可或缺的一部分经历。

如果将来你听到朋友再说"一切皆有因"的时候，不要盲目认同。告诉自己，事情也许有原因，也许没有，但无论如何，你都有能力应对生活中的挑战并继续前进。

18
面对死亡

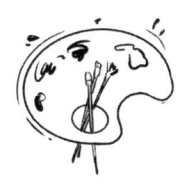

本章来自我的朋友伊尔温·库拉。作为一位智者，他花了大量时间研究死亡，因此在谈论这个话题时，我想分享他写给我的原文。他的文字充满智慧，让我们从他的文字中学习。

面对死亡时，我们往往不知道应该说些什么或写些什么，因为我们真正希望的是让一切都不要发生，但我们无能为力。这世间没有什么比死亡，尤其是年轻人的死亡，更能提醒我们对于生活的掌控是多么微不足道，死亡打破了我们原本的生活秩序、稳定和安全感。换句话说，我们不知道说些什么或写些什么是因为我们害怕死亡也会发生在我们身上，而我们无法改变结果。

我们首先必须接受这种恐惧和脆弱,不要自欺欺人,认为我们说些什么或写些什么就会让一切恢复正常。我们必须承认自己的恐惧,承认自己无法找到"正确的话语"。然后,我们需要将注意力从自己身上转移到那个真正脆弱的人身上。尽管每个人都必将经历,但每个人都是独一无二的。了解那个人,了解我们与那个人的过往,然后我们可以决定说些什么或写些什么——这些话语不会使一切变得完美,但根据我们之间的关系,可以做到以下几点:

(1)让那个人知道你在思念他(因为没有比临终更孤独的事情)。

(2)表达并承认你听到这个消息后的悲伤。

(3)分享一些你从他身上学到、记住或经历过的事情,对你有深刻影响的事情。(这是一种表明那个人很重要的方式,关于他的记忆将永存。记住,我们会死两次——第一次是身体死亡,第二次是没有人再记得我们。)

(4)表达你的祝福和祈愿,希望并祈祷他生命的最后时刻被家人和朋友的爱所包围，感谢他用自己的一生影响了许多人，智慧地教导我们如何面对生命的终结。

如果客观条件允许，而且这个人也希望在临终前再见一面，那么就尽量实现。

你看，我们从中学到的是：你越诚实地面对这一现实的情感，你就越能给予安慰。

最后，根据研究，临终的人有三个普遍的担忧和恐惧：

（1）他们不想感到疼痛。

（2）他们不想成为他们所爱的人的负担。

（3）他们希望知道自己会被记住，知道他们的生命对人们来说有意义。

19
你不是他人的守护天使

我们总是想要关心他人，取悦他人，赢得他人的认可与喜爱。这无可厚非，毕竟待人以善是一种美德。但同等重要的是，我们也要善待自己。正如古人云，"井干何以献清泉"。如果要真心帮助他人，我们需要先充实自己。

我不是提倡只考虑自己。我的意思是，如果某件事能带给你快乐，且不会伤害他人，即使会引起一些人的不满，你也应该重视自己的感受，去做那些令你心情愉悦和你想做的事。我们并不希望回首往事时，留下太多"如果当初……"的遗憾。假如你曾梦想成为艺术家，却因为不想让父母失望而放弃，那么这样的遗憾可能会伴随你一生。

照顾好自己,以便更好地关怀他人,这是每个人都应该做的。如果在这个过程中,我们不经意间让他人不悦,我们应当道歉,并想办法解决问题,然后继续向前。不必将这些负担背在肩上,带入你的生活。我们要做到的是忠实于自己,同时也尊重他人的情感(只要这不会给我们带来伤害)。

很多时候,我们往往不清楚自己真正想要什么,即便有所意识,表达时也总是不够清晰。在教授写作时,我经常会问学生一个简单的问题:"你笔下的主人公想要什么,需要什么,渴望什么?"

我们越能明确表达自己的愿望、需求和渴望,就越可能实现。例如你成年后依旧梦想成为艺术家,而你的家人或伴侣希望你从事法律工作或继续从事现有的工作,而你心中只有艺术,那么就勇敢地表达出来,并做好面对一切后果的准备。艺术之路很艰辛,你的选择可能会使你与他人关系疏远,但记住,你不必为他们的幸福负责,他们也不该为你的选择负责。清晰且诚实地说出你的愿望和需求,不必为自己道歉（当然，前提是你不是故意在这个过程中伤害他人）。

我非常欣赏并认可电影导演迈克·尼科尔斯（Mike Nichols）的一句话："每段关系都需要玫瑰和园丁。"他说的很有道理。我认为最理想的关系是两个人在共同的生活中，能够顺应情境交替成为对方的玫瑰和园丁。当然，双方的角色无法完全对等和公平，但每个人都得以成长和绽放。

或许这句话可以改为："在爱的关系里，你既是绽放的玫瑰也是辛勤的园丁，你们共同培育美好。"尽管我倾向做一朵玫瑰，但我也通过做园丁获得满足，两种角色的切换让我感到幸福，有成就感。相反，如果你在一段关系中无法获得滋养和满足，那么应该清醒地选择离开。毕竟，我们每个人都无法成为别人的守护天使。

20
拥有共同的未来

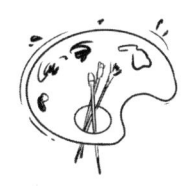

在日常生活中,人们之间形成了各式各样的关系,包括恋爱、家庭、友谊和商业关系。这些关系的成功或失败受多种因素的影响。经过多年的体验和反思,我逐渐认识到,维持这些关系的关键在于每个人都对未来有着共同且平等的目标和期望。几十年来,我一直在人际关系中挣扎(包括离婚),并接受了很多心理治疗。这使我了解到,大多数的人际关系都是建立在双方对共同认可的未来的憧憬和梦想之上。

简单来说,这段话的意思是:在一段关系中,如果双方对未来有相同的愿景和憧憬,那么这段关系就有了坚实的基础,从而有利于促进彼此的成长和关系的进步。比如你的约会对象梦想着结婚、稳定的生活并与你共度余生，而你却希望保持自由，不受婚姻的约束，那么这段关系可能不会持续很久。在实际生活中，虽然有时可以通过妥协来调整，但有时两个人的愿望是根本不相容的。当出现这种不相容的情况时，最好的选择是双方各自向前看，而且越早做决定越好。因为只有这样，你才有可能找到真正符合你期望的生活和人。

在本书中，我还讲到了尊重差异和保持文明的重要性，这些观点与本章并不冲突，而是在关系的不同阶段发挥作用。这些都要基于良好的沟通。缺乏沟通，分歧几乎不可避免。因此，作为建立联系的基础，我们首先应当接受彼此的差异，通过沟通来构建弥合这些差异的桥梁，再继续前行。当然，这很难，但如果我们都能在相互尊重的基础上进行坦诚的沟通，认真倾听对方的意见和想法，我们就能避免误解。

在经营一段关系时，通过沟通识别彼此对未来的共同点和差异是极其关键的。虽然世上没有两个完全相同的人，但如果你们对未来的期望截然相反，那么提早结束这段亲密关系可能是更好的选择。我希望这一章至少能够激励你与朋友或伴侣共同探讨你们对未来的梦想和希望。我相信，这样做不仅会增进你对他们的理解，也可能帮助你更好地认识自己。开诚布公，探究你们对生活和未来的愿景，这必将帮助你更明确关系的发展方向。

总之，一切都关乎有效沟通。我们常常希望他人能洞悉我们的内心，然而事实是他们往往对我们的思想和感受一无所知。勇敢地表达你的想法，确保你们在未来的道路上有共同的理念和目标。

21
无用的内疚

许多年前,我有幸与美国著名编剧悉德·菲尔德(Syd Field)共同作为嘉宾参与一场研讨会。他创作了首部编剧类书籍,且在行业内有极高的地位,我对他崇拜已久,于是在活动结束后,我鼓起勇气和他交流。他非常友善,而且热衷于研究冥想和东方的宗教。我们聊了一会儿,虽然现在我已经记不清具体内容,但我向他表达了有时会对自己的言行感到愧疚。

他看着我说:"理查德,内疚是一种浪费。"

我永远不会忘记这句话。从小时候开始,我就会对自己所犯的错误感到极度的内疚,久久不能释怀,但是在那一刻,仅仅几个字就解除了困囿我的诅咒。

是的，我生活中的很多时候都被内疚的情绪包围着，但他告诉我不必再以这种方式生活。这又是一件听起来很简单但不容易做到的事。即使我已经是一个成年人，但有时我仍然会为童年时期一些不成熟的行为感到内疚。他的话帮助我意识到了拥有某种感觉和像锚一样永远固持着，这两者之间的区别，后者并不会改变我曾经所说或所做的任何事情，只会成为一种精神负担影响我的生活。

即使对于悉德来说，这种认知也不是一夜之间产生的。多年的冥想练习让他领悟到学会放下自己的负罪感的重要性，他的分享促使我通过另一个视角重新观察内疚感。

人们到底花费了多少时间让自己活在内疚之中呢？我并不是在推崇无罪的理论，毕竟，如果你做错了什么，那么内疚代表你有良知。我想说的是如果你做了一些让自己内疚的事情，与其花费大量的时间自责，不如利用这些时间去审视背后的原因，也许会对你更有价值。

因为内疚本身并不能改变什么，但分析其背后的原因可以让人从中汲取教训。我们要把注意力转移到未来如何避免或当下可以通过采取什么措施来改变现状。请记住，尽管回顾过往有时会提供有用的视角，但也同样容易陷入过往的牵绊。只有向前看才是你的正确方向。

好吧，你犯了错。所有人都会犯错。但我们可以正视自己的过失，从中吸取教训，且不再重蹈覆辙，然后继续前进。

无论你选择如何处理过失，但如果只是感到内疚和自责，而不采取措施来纠正，这对任何人都没有帮助和价值。因此，当你犯错时请对自己更加友善，同样，当别人犯错时也能够宽容一些。我们朝着更好的生活前进吧。

22

无请求，不建议
——你不能解除与家人的关系

在生活中，我们总想给别人提建议。但除非有人特别要求你提供建议，否则请克制住这种欲望。试想，当别人不考虑你的看法，也没有经过你的认可就教你"应该"做什么时，你是否会欣然接受呢？

当然，你可能会说本书也是出于好意地提供建议。但对我而言这只是一种分享，我从过往的经历中获得了一些体会，它们帮助我度过了一些艰难时刻。你可以选择阅读它，也可以随时翻页或合上。我告诉你什么对我有帮助，希望你能在这里找到一些让你的生活更轻松的小窍门，而不是你"应该"怎么样。

是不是说教的关键在于征询意见。你有没有询问过别人是否想听听你的观点？他希望你给出建议吗？如果他们请求了，那就提出你的建议。但如果他们没有，要么问问对方是否需要，要么就尽量不提。

我知道这说起来容易做起来难。但请一定要忍住，因为只有当对方想接受时，建议才有用。即使是被要求后才给出的建议，也不要期望他人一定会遵循。你不必为他人的幸福负责。

我学到的是，当我想给别人建议时，我会先深呼吸，然后快速考虑一下，他们是否要听我的建议。如果没有，我就闭嘴。反过来，如果有人贸然给你建议，你可以礼貌地阻止他们，或者你可以考虑听听他们的话。

我发现我更愿意接受那些被认为很有见识或者他们的智慧对我有益的人的建议。当然，我没有要求，但谁知道呢？也许他们所说的对我有用。因此，尽量保持开放，只是倾听，而不是必须遵循。

可能在面对非家庭成员时不主动出谋划策的难度还不大，但面对家庭成员往往很容易口无遮拦。在

"无请求，不建议"这件事情上，我主张不分内外，对待家人也应如此。在这里我想延伸一点与你分享，我认为它属于本章的范畴。

你不能解除与家人的关系——这是人类社会几千年塑造和承袭下来的真理。如今我们可以轻易地取关好友，屏蔽、删除和拉黑他人，但和家人的关系很难解除。即使你试图断绝来往，也无法改变血脉相连的事实，因此这意味着你需要面对他们提出的问题，这会带来觉悟和成长。当然，有时你可能想屏蔽和删除那些喋喋不休或说一些你不想听的话的家人，但为什么不重新考虑一下呢？我看过很多疏远的家庭关系，最终大多数人都后悔当初没有更努力地保持和家人的联系。因此，面对家人的建议，即使你不想听，觉得他说得不对，更不会照做，也不妨坐下来听听，即使只是听听，这可能会改善你的家庭关系。

23
生命的财富

现代美国经济存在一个核心悖论。从 1960 年起,美国人的平均收入涨了两倍,可幸福感越来越低。这似乎在告诉我们,金钱与幸福并不直接挂钩。我们虽然口头上不厌其烦地重复这个道理,但实际行动上,大多数人仍旧在为超出基本生活需求的财富而追求一生,欲望似乎永不停歇。人们渴望更宽敞的居所、更豪华的座驾,哪怕为此背上沉重的债务。为什么会这样呢?

我认为这是消费文化成功的表现。人们喜欢买各种各样的东西。消费已经成为一种生活习惯,商家们深知这一点,利用各种营销技巧和手段,激发消费者内心"必须拥有"的欲望。即使已经有了功能完备的苹果手表,也难敌一块劳力士的诱惑。

然而,"千禧一代"①是美国历史上第一代财富少于父辈的人。他们倾向于追求极简主义,想要的更少,而不是更多。在这个过程中,他们似乎正在为我们揭开一个真相:生活的价值,并非由你所拥有的物质多寡来衡量,而是由你的体验和分享这些体验的过程来定义。

想一想吧。在你临终时,你是会和你所拥有的奢侈品牌一一道别,还是会更加怀念和亲友共度的宝贵时光?至少对我而言,父亲离世后,留在我记忆里的,是我与他一起在沙发上看《宋飞正传》(Seinfeld),是我为他修理电脑或煮一碗热汤。这些平凡的生活片段是我们共同记忆中最宝贵的部分,而这些与金钱无关。

我的一位朋友是咨询师,他可以远程工作,因此

---

① "千禧一代"是指出生于20世纪且20世纪时未成年,在跨入21世纪(即2000年)以后达到成年年龄的一代人。

他可以住在任何地方。他选择四处旅行，居无定所，无固定居所，在尽可能尝试新的体验和感受异域文化的同时工作。这正是他为自己设计的人生旅程。

还有另外一个故事。"9·11"事件后，记者在遇难者最后的通话记录里发现一个相似之处，在生命的最后时刻，没有人挂念自己的财富，他们都打电话给所爱的人说"我爱你"。在生死关头，他们想到的是自己珍爱的人。

这些故事仿佛都在提醒我们，无论你积累了多少财富，都应当明白，在生命的旅途中，最值得珍视的永远是那些不能用金钱衡量的情感和共同度过的时光。这些才是人生中最珍贵的礼物。

24
你不需要一直赢

你知道吗？在争论中输掉并不丢脸。我们没必要总是争出对错，有时候求同存异更好。抱着"也许我对，也许我错"的态度，能帮我们更清楚地审视自己的想法，也避免"我早就说过"这种令人讨厌的回应。

你也可以在不批判别人观点的情况下表达自己的不同意见。如果你需要一直证明自己是对的，这可能恰好反映出你内心缺乏安全感，而不是反映出你的智慧。相反，如果可以用更豁达和开放的心态，又或者可以更注重与人的关系而不是自己的输赢，你将会更加快乐。

我发现，许多婚姻幸福的人似乎都有一个共同点：在争论中学会妥协或让对方"赢"。他们懂得说"对不起，我错了""我理解你的意思""你说得有道理"。这些话虽然简单却很有效果。即使你认为自己的观点更合理，但保持你们之间的和谐关系似乎更重要。因此，面对分歧时，要更聪明谨慎地选择你的回应方式，以及衡量你由此可能会付出的代价。

承认错误，或者至少不必总是坚持自己在所有事情上都是对的，或者试图证明自己，这对保持和谐的人际关系很有帮助。请不要只是听我说说，你可以试试看。

当然，这不是说一味妥协或总是让步，尤其是当你真的认为对方有错的时候。我的经验是，在我开口争辩前，先在心里问自己："我为什么要坚持这个观点？""我是想证明我是对的，还是想要和平地探讨问题？""即使对方不会改变他的观点和态度，我是否仍想表达自己的看法呢？""我是否真正倾听了对方的话？"

真正倾听别人的想法、承认对方观点有合理之处的同时表达自己的看法，以及记住争论是为了学习而不是为了赢（尤其是在重要的关系中），都会让生活更和谐。能够享受轻松愉快的关系，不为证明自己而焦虑，这种感觉十分美妙。

25
金鱼和大象

在知名体育喜剧《足球教练》(*Ted Lasso*)中,有一段对话让我印象很深。在球员萨姆因练习赛中的失败而感到沮丧时,泰德·拉索教练把他叫到场边。

拉索问:"你知道地球上最快乐的动物是什么吗?"

萨姆说不知道。

拉索说:"是金鱼,因为它只有10秒钟的记忆。你要做一条金鱼。"

虽然从失败和错误中学习是好事,但沉浸在沮丧中并无益处。在输掉一场很激烈甚至惨烈的比赛后,拉索教练告诉整支队伍:"现在让我们悲伤难过吧,一起尽情难过后,我们就变成一条金鱼。"

我认为，这句话对于遭遇惨败的团队来说再合适不过了。他们可以一起因失败而悲伤，但不困在其中，走出来一起向前看，朝着下一场比赛，为充满希望的胜利而战。在这个情境下，他们需要拥有健忘的金鱼记忆。

但在另外一些情况下，拥有大象般的长期记忆也是非常有价值的。许多学生的生活都受他所喜爱老师的积极影响，虽然师生的相处可能只有一段时间，但这些影响可能会改变学生的一生。同样，这些经历和经验也让教师的教学技巧更加成熟，使他们能够更好地教导新的学生。如果这些教师的记忆和金鱼一样，那么他们的成功经验和失败教训则无法提升他们的教学水平，他们的工作能力也会大打折扣。

可见，有时大象也胜过金鱼。关键在于何时该像金鱼一样健忘，何时该拥有大象的好记性。要确认这一点，不妨问自己一个问题：保存这段记忆后会带来怎样的结果，是会帮助我还是伤害我？

这个简单的答案应该会帮你做出正确的决定。

26
人很有趣

在这个疯狂的世界里,一句简单的"人很有趣"可能对你的生活产生巨大的影响。你不相信吗?下次遇到让你觉得奇怪的人时,试试看。

我与他人在一起时发生过一些让我感到惊吓和不安的事情,这段经历让我耿耿于怀,直到有一次我把这些事情告诉我的一位朋友。她听后却简单地说出了一句最完美且不带任何批判的话:"这个人真有趣啊!"现在这句话也成了我的口头禅。

是的,亲爱的读者。"人很有趣!"请好好想一想。不是"哈哈哈!"傻傻地搞笑,而是古怪、诡异、奇特的有趣。这句话像一句咒语,很不寻常。每个人在生活中都有自己独特的行为和反应方式，一旦你承认了这个事实，就更容易接受别人的弱点和小怪癖，甚至开始欣赏人与人之间的差异。

你会以更轻松的视角看待人类的各种行为，从而减轻负面情绪。当事情不如意时，也不必责备他人或责怪自己。比如当你计划与某人共进晚餐，却被爽约时，与其生气或大发雷霆，不如独自享受一顿大餐，并说："嗯，好吧，这个人还是很有趣的！"

这句话在很多情况下都帮了我。有一次我约了一个女生，对方却没有来赴约，我生气极了。她浪费了我的时间，我本想发泄一下愤怒，发一条充满恶意的短信，但最终我选择念诵一遍这句咒语。这样做不仅更简单，也更有益我的健康，它让我放下这件事，而不必再为处理不愉快的情绪和可能产生的后果而烦恼。

如果你在工作中努力付出，但在办公室与同事分享时没有得到任何反馈，甚至连一句感谢都没有，请记住，不要气恼，你可以试着对自己说："你知道吗？人很有趣！"

没错，有时候，放任自流是一件好事，因为人都是有趣的。希望当你做了一些让别人无法理解的事情时，他们也能念诵一遍这句咒语。

27
看看你的GPS

我有一位朋友,他的妻子总是不快乐。他们最初在新英格兰定居,但她对那里并不满意。为此,他们搬到了卡茨基尔山区,希望新环境能带来快乐。然而一年后,她又对山区生活感到不满。于是他们再次搬家到遥远的南方,他以为离她的家乡近一些,亲近家人能使她快乐。但不久,她对那里再次感到厌倦。渐渐地,她对我的朋友也失去了兴趣。最终,他们的婚姻走到尽头。

一天晚上,我和这位朋友一起吃饭,问他发生了什么。

他回答说:"无论我们住在哪里,她始终不快乐。

起初,我以为换个环境能改变一切。但后来我意识到,无论我们住在哪里,她总是能找出不足。我发现问题并不在于居住在哪儿,而在于她自己。她无法逃离自己的不快乐,这最终压垮了我们的生活,摧毁了我们的婚姻。对我们来说,离婚反而成为一种解脱。"

看看你的 GPS,你在哪儿,你的心就该在哪儿。无论身处何境,如何应对都取决于你自己。你可以追求更多,但同时也要珍惜眼前所拥有的。你的态度将决定你是被生活压垮还是在生活中飞得更高。活在当下,你就不会迷失方向。你总能在所处之地找到自己的位置,让生活变得更好,而不是更糟。顺便说一句,心怀感激地面对一路走来所拥有的一切,也是十分重要的。

28 去旅行

人们最初认为,一旦生长跨越儿童期,大脑便停止发展和进化。然而现代科学表明,这种说法并非完全正确。事实上,大脑在整个生命过程中都在发展新的神经路径,这种现象在医学界被称为"神经可塑性"。如果你希望改变自己的思维方式、行为习惯或反应,缓解心理健康问题,或者摆脱那些对你的生活产生负面影响的固有行为,创造新的记忆,变得更有创造力和更加机智,从而适应新环境,学习新技能,或者克服疾病和修复人际关系的创伤,那么你可以通过新的思想和经历来重塑或训练你的大脑,为你带来希望。

旅行是为生活注入新意的绝佳方式，还有什么比这更令人向往呢？

每个人的心中都有一个异国旅行的梦想，可能是去巴厘岛感受热带风情，或者是去非洲体验野生草原，或者是去北极观赏奇幻的极光。即使你没有足够的时间或金钱去远行，"旅行"也可以是日常生活中的细微改变，比如探索你生活的城市里未知的区域、与陌生人聊聊天，或者驾车探索一个完全陌生的街区。重要的是，旅行的本质——不论是乘坐飞机、徒步旅行、沉浸在白日梦中、深入思考一个想法、阅读一本书、做一件手工艺品，还是其他体验生活的方式，都在于让我们走出舒适区。尤其是在你习惯于待在家中、蜷缩在沙发上看电视剧，不愿意出门的时候，旅行可以让你重新振作起来，做出积极的改变，建立新的神经通路。

本质上，我们都有相似之处：不同的肤色之下有着相同的人体结构，每个人心中都隐藏着自己的秘密。我们来到这个世界，最终也都会离开这里。我们渴望安全感，追求生活的稳定，但同时我们又常常带有预设地看待这个世界，去评判他人及其价值观、文化和传统，认为只有自己的生活方式才是"正常"的，不同的就是不好的。然而，当你去旅行时，你开始真正地发现和理解，而不再是简单地猜测和假设。通过学习新的事物，你的世界观将变得更加开阔和深刻，你对他人、自己，乃至对自己的文化都会有更深层次的理解。虽然最初走出舒适区可能会令人害怕，但这一切都是值得的。旅行不仅仅是为了乐趣和娱乐，它还能拓宽你的视野，带给你更多新鲜和广泛的体验，同时增强你适应新环境的能力。

生活不应该像无人驾驶的汽车。我们可以创造自己的经历，也可以选择前进的方向。我曾看到一辆汽车上，司机和副驾驶似乎都睡着了。这可能是自动驾驶的测试，也可能是我的错觉。无论是哪种，这都让我思考无人驾驶汽车是如何模仿我们生活状态的。对大多数人而言，生活好似经常处于自主神经系统的控制之下，就像生活在自动驾驶模式中。我们日复一日地生活，忙于处理家庭和财务等重要事务，将许多事情视为理所当然，很少开启新的尝试，甚至只是尝试新食物这样的小事。你是否也有过类似的经历：生活的压力让你窒息，无法继续，但如果你选择暂时停下来，外出走走欣赏一朵新开的花，或是喝上一杯热茶，又或是翻开一本好书，或许你就能重新振作，再去处理好原先的任务。无论是几分钟、几小时还是几天，这都能增加你的快乐，减少压力。

不久前，在一个万里无云的日子，我在伦敦海德公园沿着湖边跑步。而12个小时前，我还在洛杉矶的高速公路上，那是一个干枯的城市，到处都是孤独的灵魂和愤怒的司机。尽管时差导致我睡眠不足，但能够再次回到英国让我兴奋不已。当我慢跑时，我看到了从未见过的伦敦。穿越海德公园时，我在想我们为什么要旅行？你听过"两条鱼"的故事吗？一条鱼问另一条："水怎么样？"被问到的鱼回答："什么是水？"当我们处于熟悉的环境中，我们往往无法真正看清这个世界。我们只知道自己所知道的，随着经验的增长，我们的认知也会随之增加。当我们囿于日常生活时，我们会错过很多东西。尽管熟悉的事物会带给我们舒适感，重复有助于学习，但它也可能让我们对周围的事物变得麻木。虽然看似安全，但实际上这并没有使世界或生活变得更加可控。

因此，当我们用"游客"的视角审视问题时，确实能够获得全新的发现，就如同第一次见到某物时被激发的感官，为我们带来活力。这就像从一个单调的灰色世界步入一个充满生机的彩色世界。这种体验也正是旅行吸引我们的原因之一。旅行能让我们获得新的洞见，在拓宽我们视野的同时，也更加珍惜家庭和亲人。这也解释了为什么即使我们负担不起全球旅行，我们仍然热衷于去逛逛博物馆或看看各种主题的展览。

旅行的意义并不局限于远行。它是逃离日常生活的一种方式，改变我们身处的环境，哪怕只是花时间探索自己的想象世界。无论远近，旅行都是通往丰富生活体验的途径，让我们从日常的重复中抽离出来，体验多样的生活和思考的方式。

29
艺术与生存

提起艺术和博物馆,大部分人都会称赞它们的价值。不过,总有人觉得艺术在生活中并不是不可或缺的,有的人更是直言:相比艺术,温饱和住所才是最重要的。艺术对生存来说,似乎是可有可无的。

我不认同这个观点。诚然,从"生存学"的角度来说,艺术是否存在与人类的繁衍生息并没有直接关联。即使有一天,世界上所有的艺术品都消失了(如果真能发生的话),人还是能活。可那一天如果真的来临,没有艺术的世界会变得无比单调乏味,缺乏意义。因此,我想说的是,为了让我们作为人类完整地存在,我们真的需要艺术。

我们来好好想一想，到底什么是艺术？

从广义上讲，艺术是一切创造性行为的产物。如果世上没有艺术，那我们周围就只有那些比我们存在还早的原始物质。可以这么说，没有艺术，可能连我们自己都不存在了。没有艺术，"设计"这个词也就无从谈起。我们不妨假设一下，如果一切都是按照一个模板刻出来的，没有加入任何艺术创作，那么服装、建筑、食物都将千篇一律。如果没有个性化的表达，人与人之间将无法区分。试想一下，如果建筑都只是功能性的，看起来一模一样，那么还会有什么互动和灵感呢？家，还能叫家吗？你能想象所有的音乐听起来千篇一律吗？如果全世界的风景不再有差别，没有书籍和电影，所有人梳相同的发型，穿同款衣服……你能想象，每一天都这么度过吗？

艺术与生活紧密相连，艺术赋予生活以生命。它唤醒了我们的情感，并让情感得以释放和共鸣。艺术为我们的生活增添色彩，就像在灰色中点缀紫色，让生活焕发生机。艺术当然不只是美好和令人敬畏，它是生活的一部分，而生活本就是矛盾和多样的集合体，艺术恰恰表现了生命的充实。

难道不正是艺术创作,让我们有机会用全新的视角看待自己和世界吗?在文字还没出现之前,古人类就已经在洞穴墙壁上作画。那时,这些画或许是用来交流和生存的工具;现在,我们通过这些古老的图画来了解我们的祖先和历史。艺术跨越国界,它让人们表达自己,表达对相似或不同事物的赞美和讽刺。

如果一切都变得一样,虽然看起来熟悉,但这不仅会滋生蔑视,更容易让人变得麻木。就好比走进一个垃圾填埋场,刚开始的时候,恶臭难忍,可时间久了,不知何故,就会逐渐习惯,直到几乎闻不到味道。从某种意义上说,不正是我们选择了身处垃圾堆中才导致感知能力的丧失吗?艺术把我们从垃圾堆中拉出来,并引领我们去感知、创造,避免我们沉沦于难闻的深渊。

尽管神经科学的研究显示,缺少艺术教育会影响其他学科和技能的发展,但许多人仍旧认为艺术不是必需品,这种想法根深蒂固。当学校预算有压力的时候,艺术课程往往是第一个被取消的课程。

或许因为我们习惯了生活在这个美丽的星球上——自然本身就是艺术的杰作，艺术无处不在——我们开始对它视而不见，感受不到艺术创作的重要性和伟大。我们的大脑很快就将这些美丽的事物编码成日常。我们慢慢地开始忽略周围的美，不再思考艺术创作的重要性和普遍性。无关对错，这是人类发展的自然结果。

我记得有一句名言："旅行是唯一花钱却会让你变得更富有的事。"我觉得，这句话还应该加上"艺术"。如果你不能如前一章所建议的去旅行，那至少去欣赏（或创作）一些艺术作品吧，并试着理解它们，也许这会让你对生活有全新的看法。要知道，是艺术让我们能够交流、表达自己、感知世界、感受生活。你看过婴儿第一次分辨出颜色、形状时的兴奋和喜悦吗？即使你自认为是一个麻木的成年人，艺术也能帮你重拾婴儿般纯真的喜悦。

当你的心灵被艺术深深触动时，你就会理解它的魔力。

30
选择善良

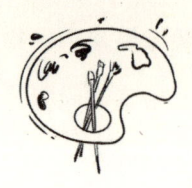

善良的表现方式有很多种。它可能是一句温暖的问候,一份发自心底的尊重或者真挚的同情。它可以体现在对别人的友善之中,也可能是你伸出的援手。善良不仅是一种自然流露的意识,更是一种我们有意选择的行为,是值得我们培养的好习惯。你有没有听说过?当人们陷入爱河、拥抱、与宠物嬉戏、冥想或听音乐时,我们的身体会分泌一种让人感到幸福的激素。同样,当我们展现出善意或感受到他人的善行时,我们的体内也会释放出这种让人心情舒畅的激素。

很多科学研究证明了善良的益处。是的,它不仅让人感觉良好,对你自身也有一定益处。我来讲一段亲身经历。

我是一个素食主义者。某天,我在超市发现了一款新推出的素食奶酪,是我喜欢的熏鲑鱼口味。我决定买两罐尝尝,结果味道让人失望。我决定拿回去退掉。我回到超市,找到店长,告诉他我不太喜欢这个新奶酪的口味,想退货。万万没想到,他居然不屑一顾地说:"你不喜欢不代表就能退。"

我据理力争:"贵店不是承诺顾客满意吗?我对这一产品确实不满意,而且它快要过期了。"店长却不为所动,重复道:"很抱歉,我们不能因为你个人的喜好来办理退货。"

店长趾高气扬的态度让我很不舒服。我感到被轻视,很想反驳几句,展示一下自己的男子汉气概。虽然只是7美元,但我认为他应该以其他方式处理问题,而不应该让我在别的顾客面前尴尬。那个时刻,我面前有两个选择,要么选择成为一个愤怒的顾客,大声咆哮,要么选择友善一些,保持冷静。最终,我决定选择后者。

尽管店长本可以更妥当地处理这类情况,但算了吧。我点点头，放下自尊心，接受他的处理方式，选购一些新鲜蔬菜后离开了。虽然心里仍旧有点儿不是滋味，但我还是尽量忘掉这件不愉快的事。

第二天，我像往常一样去超市买东西，结账时却发现信用卡不翼而飞。我找遍所有可能的地方，却依旧无果。情急之下，我只能去挂失，并接受被盗卡后的一系列麻烦。正当绝望时，我突然想到或许是昨天落在了收银台。我抱着侥幸的心态再次去找那位店长，告知情况。他核实我的姓名后，走进办公室，没多久，带着我的信用卡回来了。这一刻，我深感幸运。这段经历虽然曲折，但我深信，自己之前选择的善意和克制得到了正面的回报。

我们往往不能完全理解他人的生活背景和思维方式。一个人在特定时刻的行为或反应，可能深受其个人经历的影响。例如那位店长对我不够礼貌，可能是因为他刚与上级或其他顾客发生争执。人在情绪受挫时，容易表现出愤怒，或将怒火发泄到别人身上；但保持友善和文明的态度往往能带来更好的结果。回想那天的经历，我对自己的选择感到庆幸。

我想再讲一段我的真实经历。我曾尝试过在线约会。一天晚上，我正在约会软件上浏览。一位朋友妻子的照片突然出现在屏幕上。出于好奇，我查看了她的脸书，发现她与我朋友的婚姻状态仍为"已婚"。然而在这个软件上，她却定位在我所在城市的附近，标注为"单身"。这显然与事实不符，我顿时感到惊慌，匆忙退出。

这件事在随后的几天一直困扰着我。我是否应该告诉我的朋友？但他们也许是开放式婚姻？我试探性地联系了我的朋友，他告诉我一切正常。这使我陷入了两难：如果不说出实情，我是否对朋友有所亏欠？如果说了，会不会无端伤害他？我是否有义务告知？这些问题在我脑海中盘旋。在权衡了所有可能的后果后，我最终决定选择沉默。我认为这可能是最为友善的做法。我对他们的婚姻了解有限，告知实情可能会给我的朋友带来极大的伤害。我选择把这个秘密留在心中，选择了善良而不是绝对的诚实。

你可能会认为我做错了，但我宁可保守这个秘密，也不愿意成为伤害他的那个人。这个决定让我意识到，善良并不总是简单明了,它在不同的情况下需要不同的抉择。我选择了心怀善意不去伤害他人,尽管不同的人可能有不同的看法和理解,但我做出了我认为正确的选择。

在生活中,我们常常选择让自己感觉良好的行为,但我坚信,有时最善良的方式就是选择不给别人带来伤害。恰如古希腊医生希波克拉底的誓词——不要伤害。

31
丰富你的人生

诗人玛丽·奥利弗（Mary Oliver）曾提出一个引人深思的问题："你准备如何度过你狂野又珍贵的一生？"这是一个可爱又耐人寻味的问题。

我们都清楚，人生只有一次，因此它珍贵无比。然而，生命的不确定性也如同奥利弗所描述的"狂野"，使人生充满了无法预料的挑战。在这样的背景下，我们是否真的思考过自己的人生规划？

在本书的后续章节中，我还将讨论生活中偶尔放纵自己的重要性和益处。在漫长的人生旅途中，认真考虑并执行自己的人生计划是非常有价值的事情。有时，这些计划甚至源于那些看似无厘头的时刻。到目前为止，你为自己的人生都做了些什么呢？

大卫·威斯科特（David Viscott）博士是一位很受欢迎的广播治疗师，他曾说："生活的目的，在于发现自己的天赋。生活的任务，是培育这份天赋。而生活的意义，就是将这份天赋奉献给这个世界。"这句话是我最喜欢的名言之一，它深刻地揭示了人生的三个层面：探索、成长和分享。它是如此睿智而鼓舞人心，涵盖了人类的整个生命周期，涵盖了所有人。

如果我们年轻时就能发现自己的天赋，并在一生的大部分时间里不断精进它，那么当我们达到一定程度的熟练后，还有什么比与世界分享这些天赋更有意义的事呢？这不仅能避免人生的空虚和虚度光阴，也能实现自我与世界的双赢。正如马尔科姆·格拉德威尔（Malcolm Gladwell）在《异类：成功的故事》（*Outliers: The Story of Success*）一书中提到的一万小时理论，为自己热爱的事业努力拼搏，有了目标，你的人生将不再是一片灰暗。

有时，我们可能会迷失方向，但最终或许还会找回生命的激情。我的一个大学同学总认为，作为耶鲁毕业生，必须有一份体面的工作。但他其实不快乐。他真正热爱的是制作比萨。他把所有的空闲时间都用于寻找最好的食材和配方来研究制作比萨、写美食博客，他自创的比萨食谱曾一度是世界上点赞最多的食谱。他的痴迷近乎疯狂，为了制作出完美的比萨，他甚至自研烤箱元件，只为提升烤箱温度。

在他四十多岁时，他做了令多数人难以置信的决定，放弃高薪和体面的生活，开一家自己的比萨店。虽然面临着各种创业挑战，但他的比萨却大受欢迎。如今，他过上了自己最满意的幸福生活，比以往任何时候都快乐。

正如威斯科特博士所言，当你到达生命中的某个阶段时，请记得回馈这个世界。它不一定是金钱上的馈赠，还可以是你的时间、知识或者其他你认为合适的方式。当你拥有这种能力时，帮助他人获得成功会为你带来满足感和幸福感。

每个人的天赋都是独一无二的，寻找并发掘自己的天赋是第一步。就像心理治疗师荣格（C.G. Jung）写给一位苦命挣扎的病人的信中所说："没有人能仅凭几句话就纠正一个被错误管理的生活。但是只要在正确的地方做出正确的努力,就一定能爬出深渊。"

32
他人的评判与你无关

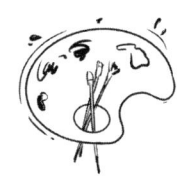

很多人在做决策时总会考虑其他人的看法。他们常常这样思考：我非常喜欢这双鞋，但如果穿出去，别人会觉得可笑吗？我对音乐剧情有独钟，但如果我跟朋友们分享，他们会怎么想？我想跳舞，但会不会显得自己很愚蠢……如此这般，他们的选择似乎都在担心别人的评价和眼光。

正如我在本书开篇所描述的，有些地方有既定的规则和文化，比如高尔夫球场，这有助于维护一个相互尊重的社区氛围。幸运的是，我们这些生活在相对自由的国家的人，在当今生活的大多数方面都有很多自我表达的机会。即使是在有严格着装要求的高尔夫球场,你仍然可以选择穿鲜艳的花卉图案或更低调的格子图案的衣服。这是你的选择。在一个试图使我们变得相同的世界里,我们都是独一无二的个体。

当人们发表评论时,比如"天啊,我真不敢相信你会穿那套衣服!"我们往往会把这些评价当成针对自己的评判。我在前文中谈到过"不要批判"的重要性,这一点值得重申。为什么呢?因为正如本章所述,他人的评判与你无关。

这些评判是对他们的需求、愿望、信仰和价值观的陈述(不管是他们自己的想法,还是想给别人留下深刻印象或展示自己符合某种文化规范),而不是对你的陈述。比如高尔夫球场的着装要求是穿有领的素色衬衫,但你选择了一件粉红色火烈鸟的衬衫,它只是你个人的选择。如果别人不喜欢,那也只关乎他们的品位和看法,与你无关。

当然,别人也许不喜欢这件衣服,但只要你喜欢,就穿吧。你有自己的风格,而且它不会伤害任何人。当人们对你品头论足时,他们的评论反映的是他们内心的标准,而不是你应该怎样生活。只有你能够决定你是谁,应该成为什么样的人,过什么样的生活。有时这意味着要不断探索,直到找到最适合的方式。

当我用这种方式重新理解他人的评论时,特别是那些关于我的负面评论,我的生活一下子就变得轻松起来。我如释重负,不再将他人的问题视为自己的问题,也不再认为别人的观点比自己的感受更加重要。因此,当有人批评我的绘画作品或嘲笑我的穿衣风格时,我努力控制自己在面对批评时本能的生气和反击,而是将注意力转移到理解他们评论背后的动机。这样做帮助我更加客观和理智地处理这些情况。

你听说过马斯洛的需求理论吗?它从最基础的生理需求(食物和住所)开始,一步步上升至精神层面的最高需求——自我实现。根据这个理论,如果你的基本生存需求已经得到满足,那么你就有机会追求更高层次的自我实现。这意味着,你可以不再受他人看法的影响,专注于实现自己的潜力,做最好的自己,你的人生也会更加充实和满足。

33
画你心中的曼陀罗

作为艺术家谋生是一件很酷的事情,如我在前面"艺术与生存"那一章里谈到,我相信每个人都具备以某种方式进行创作的潜力,也应该在生活中尝试创作。无论你采用绘画、表演、写作、跳舞,或者其他你喜欢的艺术表现形式,你都应该为自己创作。你需要的是找到最适合你的方式,用你的声音去表达自己。无论你从事何种职业,都可以通过创作滋养灵魂。然后,不要把你的艺术与利益挂钩。换句话说,就算没人买你的画,你的乐队没有机会演出,或者没有出版商愿意购买你的版权,你也不应该质疑它带给你的价值和意义。创作仅仅是因为你喜欢,在这个过程中,你已经获得快乐和满足。

在现实生活中，怎样才能做到呢？答案就是不以结果去创作。

首先，不要给自己任何压力，也不要刻意追求专业上的成就。不论你是否愿意分享自己的作品，都要让自己保持身心愉悦。你的作品可能会得到赞美和奖励，也可能根本无人问津或者受到批评。但是这些不重要，你不要关注外部的评价，更不要用金钱等价你所做事情的价值，而是以你创作时的感受来衡量它。

在藏传佛教里，有一种最独特、最精致的宗教艺术叫"坛城沙画"，梵文称"曼陀罗"。每逢大型法事活动，僧侣们都会用数以万计的沙粒制作颜料，绘画心中的佛国世界，这个创作过程可能会持续数日乃至数月。当曼陀罗完成，僧侣们会在一场简短的仪式后，将极尽辛苦创作而成的精美沙画扬向风中，画作顷刻化为乌有，以此象征生命的无常。僧侣不向世人炫耀它的精美，只是享受这个过程，然后任由它随风而去！

难以置信，对吗？在过去的几千年里，僧侣们就这样延续着这样的创作和修行，繁华世界，不过一掬细沙。这正是佛教世界里创作曼陀罗的意义。完全融入创作，享受它，但又不被结果牵绊。得失之间，如此平静。

　　你是否从这个故事里有所感悟？这正是我想说的：只为自己而创作。例如我喜欢画画，有时有人会买我的画，有时没人喜欢。但我喜欢沉浸在色彩的世界里，于是我就一直坚持画画。我会把我的画送给我关心和爱的人。我很庆幸自己能够以写作为生，这让我能够将自己的爱好保持得很纯粹，持续从绘画中获得快乐。

　　保护你从创作中持续获得愉悦的权利，让你的艺术尽可能纯粹。你甚至不需要理由和观众，只要这个过程能够带来快乐和满足，那就足够了！

34
《圣诞颂歌》

许多剧院每年都会上演查尔斯·狄更斯（Charles Dickens）的经典作品《圣诞颂歌》(*Christmas Carol*)，而且每次都是座无虚席。

《圣诞颂歌》讲述了吝啬鬼埃比尼泽·斯克鲁奇的故事。在圣诞夜前夕，他经历了一系列超自然的事件，这促使他反思自己的一生，并在短短一夜之间从一个自私的人变成一个无私的人。这部作品之所以经久不衰，不仅是因为它在舞台上的超强表现力，更是因为它被认为是对人性最深刻的洞察。正因如此，人们年复一年地重温这部剧。在现实生活中，我们是否也渴望在做过或说过一些让我们后悔的事情之后得到救赎？

　　我认为，人们之所以喜欢看这部剧，是因为它触及了我们的内心。在经历了现实生活的种种压力之后，每个人都可能会变得像斯克鲁奇。这很正常。在现实生活中，我们不断面对来自外部世界的期望、责任和复杂人际关系的压力，不得不投入大量的时间和精力去应对。久而久之，我们可能会变得烦躁易怒，不愿打开心扉，用冷漠和自私来保护自己，对需要帮助的人和事情视而不见。我们忘记了善良。

　　当圣诞节来临时，我们走进剧院观看这部舞台剧，斯克鲁奇的故事唤醒了我们沉睡的心，提醒我们要用善意去对待生活。走出剧院，我们感到自己焕然一新，为自己变得更慷慨和善良而欣慰。

　　当然，随着时间的流逝，我们可能会再次被现实的残酷压迫，感到窒息。因此，我们每年都会希望重新走进剧院，与自己的灵魂重新连接。我们就像斯克鲁奇一样，从最初的冷漠无情到最终成为欢乐中的一员，通过敞开心扉和传递善意获得快乐。这正是《圣诞颂歌》这部剧最伟大的魅力。

35
保持开放

说"不"很容易。生活在熟悉的环境中,与世隔绝也是易事。特别是当世界变得复杂、难以捉摸时,我们更需要一些空间来补充能量,保持活力。

如果你经常冒出这样的想法,我建议你不要这样做。生活中许多美好的时刻往往发生在意想不到的地方,超出我们的掌控。只有敞开心扉,愿意说"可以"而不是"不,我做不到",你才能从这些意外中获益。我和你分享两个故事。

第一个故事是我的亲身经历。在过去的35年里,我以写作为生,创作小说和非小说、舞台剧和电影剧本。此外,我还在南加州大学电影学院、加州大学洛杉矶分校电影学院、爱默生学院和伊萨卡学院担任戏剧写作教授。同时，我还在全国各地的作家大会和电影节上教授写作和叙事技巧，通过这些公开演讲，一些听众会聘请我担任写作顾问。多年来，写作、教学、指导作家成为我的生活。一次，我作为嘉宾被邀请到一个写作大会，正如我之前提到的，这次大会的主题正好是我最擅长的领域，我想去那里分享自己的经验，帮助那些寻求实现梦想路径的特定听众。同时，这是一次与会人数很多的大会，我认为这会有助于我的事业发展。因此，尽管主办方没有报酬，我还是接受了邀请。

当我兴致勃勃地走上讲台，望向观众席时，天啊！200个座位的会场只有12个人。房间里空荡荡的，很难不让人泄气。我努力让自己不受影响，全力以赴，兴奋地演讲，并且感激在场听众的积极回应。但我必须承认，一开始我对只能与12个人分享我的热情感到失望，而且那天也没有人咨询我的顾问服务。我开车回到洛杉矶，试图忘记这件事，选择做一条金鱼。

几天后,好莱坞最会讲故事的专家之一联系我,她说她接到一份来自全球知名品牌的邀请,请她去主讲一个有关电影叙事的研讨会,但那个时间她已经有了其他安排。她告诉我,她是听我演讲的12位听众之一,她希望向那家公司推荐我去参加,询问我是否有兴趣。

我有兴趣吗?当然了!她的推荐不仅让我得到了那份工作,还开启了我职业生涯的全新赛道和新高度——帮助企业和创业者通过讲故事的方式获得事业上更大的成功。而这一切都源于我在那次会议上的演讲。

我们通常以熟悉的方式理解事物,但这种方式可能缺乏远见。比如我曾认为参加一个没有吸引大量观众或立即带来顾问机会的会议是浪费时间,但这种想法其实是错误的。我得到一个宝贵的教训:即使结果并非总如预期,我们也应保持对机会和可能性的开放态度。在生活中,我们往往无法预知自己的努力将带来何种结果。我们可能认为自己能够预测结果,但若保持开放的心态,经常会收获意想不到的惊喜。当时虽然只有12位观众,我依然全力以赴地进行了演讲。结果其中一位听众深受感动,推荐给我一份改变生活轨迹的工作。如果当初我拒绝,或者在面对少量观众时敷衍了事,那么一切都不会发生。

因此,当我多年后回顾这段经历时,对全力以赴和保持开放心态的重要性有了更深的理解。你永远不知道你的努力会如何积极影响他人,从而改变你的生活。那些出现在研讨会、飞机上或餐馆里的陌生人,可能会在你生活中的某个重要转折点发挥关键作用。你必须置身于这些场合,并保持开放的心态,才能让这些可能性成为现实。

我再讲一个我朋友汉克的故事。

汉克是一位出色的高尔夫球手。年轻时,他是一名收入不高的体育老师。一次,他在为即将到来的锦标赛训练,但是他前面的那一组打球比较慢。当时,汉克上前礼貌询问,并解释是否可以超过他们。那几个人却极力邀请他加入一起打球。他本想拒绝,但最后还是决定接受邀请,而这个决定最终改变了他的生活。他们一起打球,度过了一个愉快的下午,汉克因为出色的球技又被邀请去俱乐部共进晚餐。在交谈中，汉克坦露了对自己职业的不满。其中一位老绅士听后表示他们正在物色管理他们国际公司美国办事处的人选，通过和汉克这一天的交往和观察，他们决定雇用他来担任这个职位。这场高尔夫球，不仅给汉克带来职业上的转机，还彻底改变了他的生活轨迹，为他赢来之后事业上的巨大成功。

记住，你可能正忙于低头赶路，但如果你愿意花点时间，放慢脚步，抬头仰望，保持开放的心态，谁知道接下来会发生什么呢。

36
为帮助他人而来

读到这里,你可能已经了解到,我的职业生涯主要是在好莱坞从事写作、奋斗和教学。这三十多年来,我学到很多,其中最重要的一课就是思考我对别人是否有所亏欠。

我一直信奉并实践善良,但要知道:首先,践行善良并非易事;其次,好莱坞也不总是一个友好的环境。在这里,人们追求名利,重视实际利益的交换,这与单纯出于善意行事完全相反。当我为了名誉在这里奋斗时,有些我原以为是朋友的人并未善待我,有时陌生人反而对我更好。在好莱坞,一切都基于实用主义,比如经纪人帮你推荐剧本,他们会从你的片酬中抽成，这些都是合约里明文规定的条款。虽然这是常态，但在我的职业生涯中，我也确实遇到一些惊喜。

其中最特别的一次经历是与克雷格·克莱德（Craig Clyde）的相遇。克雷格是一位才华横溢的导演，执导过《家庭假日》(*The Family Holiday*)和《赛马会》(*The Derby Stallion*)等众多深受观众喜爱的电影，但他并非典型的好莱坞人士。他居住在犹他州，在那里进行创作。当我导演第一部电影时，克雷格不遗余力地帮助我，且远远超出一般的帮助范畴。他无偿给予建议，邀请我去他的拍摄现场学习导演技巧，甚至在拍摄期间邀请我住在他家。他的无私让我深受感动，于是我问他："对不起，尽管这听起来有点儿无礼，但我可以问你为什么要帮助我吗？你几乎不认识我。"

他回答说："难道我们来到这个世界不是为了帮助别人的吗？"

我们活在这个世界就是为了互相帮助。我很喜欢这个观点。这不就是一条很棒的生活准则吗？我们不是互相亏欠，而是互相帮助。我们的存在不仅是为了自己，也是为了关心和帮助他人。当你陷入焦虑或专注于自己的问题时，试着去帮助那些需要帮助的人，这也许会让你感觉更好。

这将"善待他人"的理念提升到一个新的高度，并付诸行动。那么你可以如何帮助他人呢？展现同情心，为当地的慈善活动做志愿者，无论是奉献金钱、衣物、家居用品还是时间；保持倾听，主动陪伴，或开车送人去他们不愿独自前往的地方；邮寄手写的康复卡片以表达关怀；在邻居忙碌时，帮助照看孩子或宠物；为孩子制作爱心便当；多陪伴父母，与他们共度更多时光……简而言之，真诚地帮助他人会让你感觉更好。虽然这不是一个新概念，但在忙碌的生活中我们很容易忘记它。正如查尔斯·狄更斯所说："在这个世界上，能减轻他人负担的人都是有用之人。"

37
为自己发声

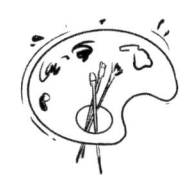

当我收到一位来自英国老友发来的信息时,我意识到在健康和生活中,听从自己声音的重要性。

这位朋友是一位拥有博士学位的化学家。她的故事给我深刻的启示,无论你是谁,不论你的背景、教育、人脉或环境如何,有时我们需要为自己发声。在她的故事里,这样做救了她的命。以下是她的信息:

"这是一个警示性的故事……这段简短的历史也说明了在美国和英国,每年大约有 25 万人由于医生的失误而死亡。

在最初病发时,我所有的症状都与胃肠相关,所以我和医生都怀疑可能是沙门氏菌或诺如病毒感染。

随着症状加剧，我去了牛津的约翰·拉德克利夫医院急诊室——英国排名第二的医院，拥有一流的医生。最终，他们诊断我患有'病毒性胃肠炎'，并让我回家。

我的状况日益恶化，遭受难以忍受的疼痛和频繁呕吐，但没有出现呼吸系统问题。我和丈夫开始给我们认识的每个人发送邮件寻求帮助和答案。不久，一位名为康宁汉的肾脏病专家回复了我。他提到曾遇到过类似的病例，愿意为我治疗。他在两家医院任职，但直到24日星期三早上9点才有床位接收我。

星期二晚上，我的情况迅速恶化。我丈夫非常着急。

星期三凌晨3点，我的疼痛加剧，并扩散到胸部，开始出现呼吸问题，于是他拨打了911急救电话。急救人员表现得非常出色，他们做了几次心电图检查以排除缺血性卒中。他们说：'我们可以紧急送你去约翰·拉德克利夫医院或者附近另外两家医院的心内科，这样你至少在一小时内可以得到一些药。'我问：'早上9点前，会有医生吗？'他们回答：'可能不会。'

因此,尽管我丈夫感到恐慌,我还是决定不去急诊室,而是几个小时后去伦敦见康宁汉教授。

我在极大压力和大脑迷糊的情况下作出这个勇敢的决定,但它救了我的命。几个小时后,康宁汉教授随即开始一系列积极治疗。经过两周的重症监护,我顺利出院。如果我没有坚持去伦敦,或者康宁汉教授没有那么迅速地给出正确的治疗方案,我可能就错过关键的几天,失去生命。但是我为自己创造了机会。"

她的故事深深触动了我,特别是她在困境中相信自己的判断,这救了她的命。这提醒我们必须始终相信自己,勇敢地为自己发声,并为自己的生活做出决策。

事实上,作为一名博士,她在知识、社会资源和人脉方面拥有我们许多人所没有的优势。她还足够幸运地找到了正确的医生,并在面对艰难选择时相信了自己的直觉。这也证明,无论我们是谁,都需要学习为自己发声。毕竟,没有人比自己更了解自己,且最终承担决策后果的人是自己,而非医生。

为自己发声并不局限于医疗领域,也不意味着忽视他人的智慧或意见。它涉及积极参与影响你生活的各个方面：理解并有效沟通你的需求；能够主张自己的权利并在必要时进行谈判，以及在这一过程中，争取某些东西；试图扭转或防止伤害和不公。即使在你没有预先知识和人脉的情况下，也可以表达你喜欢或不喜欢、想要或不想要的东西。你可以搜集必要的信息、寻求支持、畅所欲言或寻求问题的答案，以便为自己作出更明智的决定。在许多情况下，这都是有益的，包括（但不限于）：

- 残障人士争取更便捷、平等的权利；
- 在职场里要求加薪、培训机会，或主动承担更多责任以推动自身发展；
- 为完成学校作业申请更多时间或在小组项目中提出你的意见；
- 分享个人的困难（而不是压抑或否认），并在需要时寻求帮助（这可以简单到帮忙搬重物，也可以复杂到处理心理健康问题，等等）；
- 为自己留出时间休息和恢复，或者说不（比如在过度负荷和疲惫时，拒绝接受另一个项目或分配的任务，或不去孩子的学校参加烘焙饼干活动，而选择留在家中休息和恢复）；
- 在不同的关系中表达你的偏好（例如在决定去哪里吃饭、晚上外出或度假时提供你的意见，为伙伴关系、个人或商业，甚至离婚协议设定条款）。

如果你觉得为自己发声不容易，请相信，这是一项可以学习并通过持续练习就能掌握的技能。即使得到的回应并不总是你所期望的答案，但为了自己的理智、安全、舒适和幸福，这也是非常值得的。如果对你来说，最容易的方式是先从小的尝试开始，那么你可以先定义在特定情况下对你最重要的事情，然后采取下一步，如请求帮助或提出你的意见。

最后，关于自我倡导，虽然自我意识和有效交流、表达诉求能够丰富我们的生活，但在这样做的同时，一定要记住"选择善良"这一原则。它不仅适用于待人接物，也适用于对待自己。

38
随性而为

多年前,已故作家库尔特·冯内古特(Kurt Vonnegut)在接受美国公共广播的大卫·布兰卡乔(David Brancaccio)的采访时讲述了一个故事。他总是为了买一个信封而出门,尽管他的妻子建议他一次买100个。但冯内古特坚持他的做法。他认为,走出家门,看到狗或消防车,与人互动,成为一个"跳舞的动物",这才是生活的真谛。他说,我们的生活是建立在这些"随性而为"的事情上,当我们意识到这些随性、没有意义的行为也是我们存在的重要部分时,我们的生活就会变得更有意义。

他还警告说,电脑会让我们远离与世界互动的本性。在这个社交媒体盛行的时代,我们对屏幕的依赖程度也越来越高,如今,他的话更像是一种预言。

我认为冯内古特想要表达的是,随着年龄的增长,你会意识到即便是看似琐碎的聊天也并非无关紧要,拥有那些漫无目的的生活时刻是有价值的。正是这些日常生活中的"小"互动,定义了我们的人性,并赋予了它意义。

在一些文化中,这样的自我照顾和幸福的方式越来越受到关注。比如在法国,有意识地游荡被称作"漫游艺术";在丹麦,荷兰语中的"niksen"一词成为一种艺术,简单来说就是什么也不做,让脑袋放空;佛教中也有"放空和不执"的观点。这些都是在警示人们不必太过忙碌,过度追求结果。

相信在生活中,你也有过类似的时刻,比如你在旅行前急切地寻找护照却找不到,然后当你放弃不再寻找时,它就出现了。又或者,当你和朋友打网球时,你太想赢,结果却频频失误,完全发挥不出应有的水平,而当你忘记输赢时,反而打出漂亮的一击。这和我理解的佛教中"不执"的观点很接近,即放下执念,不过分关心结果,"随性而为"。

在如今观念、习惯都发生巨变,宗教也已经无法提供人生全部答案的时代,我们是否可以让日常的观察和互动变得更加神圣呢?这也许就是我们不断追问人生意义的回答。

试试看吧。

39
不知道就不知道

我喜欢浏览交友网站上的个人简介。虽然大多数人可能更关注照片,但我更喜欢读他们的自我介绍。当人们只能用有限的文字介绍自己时,你可以从字里行间了解很多。

我印象最深的一条简介,只有短短的几个字:"我根本不清楚自己在做什么,永远都是这样。"在我看来,这不仅是对生活中身不由己的另一种表达,更是对生活的一种顺应和臣服。我把它看作一位都市女性对古希腊哲学家苏格拉底的名言"我知道我一无所知"的现代版演绎。

柏拉图曾认为苏格拉底的这句话是那个时代的智

者见解。威廉·戈德曼（William Goldman）在描述好莱坞时也曾有类似表达："没有人真正明白一切。"

这是一个非常重要的概念。当我们开始认识到自己的无知时，我们便向世界敞开了心扉。我们不再试图理解和控制一切，反而开始专注于体验和感受当下，开始觉察和洞悉。我们会像孩子一般充满好奇，思维变得活跃和敏锐，重新去学习。没有自我评判，也没有自我封闭。我们不再被固有的框架所束缚，而是准备好迎接命运带领我们去往任何方向。

难道这不正是生命最美好的状态吗？我在教授写作时经常有这样的体验。我会提前阅读学生的作品，但往往不知该如何评价，我会为此感到紧张，担心无法在课堂上给他们有价值的建议。当我和学生讨论作品时，那些建议和反馈却总会脱口而出。我并不清楚这是如何发生的，这似乎总是自然而然的事，而且总是一次次上演。

如果你感兴趣，下次当你遇到不确定的情况时，不要强求，不妨试试这种方式。只需承认你不知道，并接受这种状态，看看会发生什么。

40
跨越部落与种族

在这个彼此隔绝,人们选择与手机互动而不再是与人面对面地交流的时代,我认为每天有意识地花一些时间看看屏幕之外的世界是值得的。许多研究也表明,人际互动与健康长寿之间有着密切的联系。

如今,科技如此发达,万物都可互联,但最好的联系方式依旧是人们放下手机,远离网络,建立人与人之间的真正互动。坦白说,我不喜欢"human race(人类)"这个词,仿佛人类生来就是在一条赛道上互相竞争、争夺胜利(race 在英文里有"竞赛"的意思)。人类的经历和体验难道不应该被视为比赛之外的东西吗?

在结束本书前,我想问一个问题。我们能不能停止仅将自己视为某个宗教团体或国家的成员?我们能否同意我们都只是人,在这个需要共享资源的世界里拥有相同的核心需求——赖以生存的土地、呼吸的空气和水?我们能加入人类协作或共享中,而不是无休止的毁灭性竞争中吗?

就像之前讨论过的马斯洛需求层次一样,无论我们表面上看起来多么不同,我们都有着相同的需求。是的,我们都希望得到安全,被养育和庇护,也希望能保护家人,进而对自己感到满意,还有很多可以举例。尽管我们有很多差异,我们却共享着相同的人类核心价值观,我认为关注这些非常重要。

问题在于,在人类沿革的历程中,我们的核心价值观有时会凌驾于他人之上,甚至与他人的相悖,因此冲突在所难免。然而,如果我们都能尊重和遵循"礼仪"规则,并能像看重自己的幸福一样在意他人的幸福,也许我们就能更快乐、和平、健康地共存,并有能力成为更好的我们。

最后,亲爱的读者,不妨把这些"Considerables"

作为你生活中可以试试看的参考选项。说不定它们真的会帮助你驶离生活中的灰色地带,让你的生活变得更加多彩。

POSTSCRIPT

后记

四则额外的信条

　　北美洲原住民部落在几个世纪的生存中积累了丰富的智慧，这些智慧逐渐形成他们独特的生活方式，并且代代相传。我尤其欣赏来自克里人的一种古老智慧。我的一位朋友曾有机会向该部落的一位口传史诗的智者学习，并将这些智慧传授给我。因此，在本书的结尾，我希望通过分享我从他那里学到的知识来表示对他们的敬意，并将这些宝贵的知识传递给读者。

　　克里人没有类似犹太教、基督教传统中"十诫"这样的教诲，也没有书面文字来记录《圣经》或其他类似文本。但在他们的部落中，有一位口传史诗的智者。他不是部落中最杰出的战士或最富有的人，但他在族群中始终受到极大的尊重,被视为智慧和历史的宝库。当族人需要生活指导时,他们会寻求口传史诗的智者的建议,而这位口传史诗的智者则通过言传经典故事为他们提供指引。

克里人做事会遵从四则信条。在结束本书前,我想与你们分享,它们依次为:

(1)每天学点新东西。
(2)每天教别人一点新东西。
(3)日行一善,无须人知。
(4)时刻尊重所有生命。

这四则信条就像本书里的 40 个启示一样知易行难。关于前两则信条无须多言,第三则和第四则信条我想稍微展开一下。

第三则信条很重要,尤其是在社交媒体盛行的今天更显珍贵。我很认可克里人强调行善无须人知,做好事仅是纯粹做好事的理念。当然,看到别人因为你的善举而笑容满面是很美妙的感受,但这不应该是做善事的目的和初心。你知道你做了，这本身就是一种回报。如果没有人在社交媒体点赞你的善举，你还愿意去做好事吗？试着只是为了做正确的事情而去做好事，亲身去体验一下。

最后一则信条"时刻尊重所有生命"是再怎么强调都不为过的内容。今天，我们很容易说我会善待他人，但我们是否将人类利益置于其他物种之上？是否也善待动物和其他生物？克里人始终认为所有的生命都是重要而神圣的，都应该得到平等对待。如果我们都这样做，世界会变得更美好。

好了，我希望你会思考这些值得考虑的事，并充满激情、耐心和毅力地在生活中实践它们，祝你成功。

感谢各位坚定的前行者，请善待自己和身边的人。爱你们！

POSTSCRIPT

译后记

终于完成了本书的翻译工作,我的内心无比激动。我不是一名专业的翻译人员,也不是一个以文字为职业的人,但在41岁,又做了一件突破自己天花板的事情。身边很多人都说我喜欢"折腾",但翻译一本书还是超出大多数人对我的认知,也包括我自己。因此,这也成为朋友们看完书稿提出后的第一个问题:"鲁丹,你为什么一定要去翻译它呢?"

既然本书是由故事构成的,那么我也试着用讲故事的方式来回答这个问题。

故事从2019年我的"出走"说起。我是一名在媒体行业工作近20年的老兵,谈不上成就,但至今保持热爱。大概10年前,因为负责一档海外旅游节目的对外合作，我开始接触国际传播。随着节目的影响力扩大，办活动、搞国际发行，一股莫名的力量我推着向前，我强烈感受到"中国品牌"走出去是一股势不可当的力量，更看到传媒人在与世界对话时面临的挑战和创造的巨大价值。于是，2019年，我以访问学者的身份，来到美国南加州大学安娜堡新闻与传播学院学习，研究的课题是"社交媒体的兴起对于中国品牌海外传播的影响"。

37岁，裸辞、放弃国企的管理岗位和稳定的生活，仅为心中的梦想漂洋过海。这听起来很酷，落在身上是真疼。坦白说，初到美国的日子很艰难，而最难的是东西方思维方式不同导致的理解障碍和无力感。突破这些障碍，找出不同下的相同，是我必须要解决的难题。我非常幸运，在导师的引荐下，几个月后我正式参与到一家华人电视台的重建工作，这也让我有机会在西方舆论大环境中开始实践。

与本书作者理查德教授相识，就是在这样的背景下。他曾在南加大电影学院和很多美国高校教授剧本创作，兴趣爱好颇多，是一个喜欢探索、打破常规的人。教授、导演、剧作家、画家、马拉松跑者、农夫和饼干罐收藏家,我似乎很难用一个标签去定义他的人生,但又确实会被他永不停歇的蜂鸟精神和不断捕捉生活中的美好瞬间的生活态度吸引。他常常说:"活着就是为了更加充实,让我们死后再去思考休息吧。"

疫情暴发后,生活秩序被打乱,我一时陷入迷茫。在教授的建议下,我开始用以媒体的身份深入美国社会的方方面面,继续学习。"持枪"话题是美国最有争议的社会讨论之一,对于中国人也是比较陌生的领域。某天,一则枪展的广告吸引了我,因为枪展只被允许在美国部分地区举办,疫情之下,机会更显珍贵。于是,我决定去一探究竟。当面对各式各样的武器和外表更加激进的参展商时,我因为害怕乱了方寸,几次被参展商呵斥停止拍摄。无奈之下,我想到向理查德求助。他一改往日的和善,拒绝了我。他说:"抱歉,我是一名持枪反对者,美国校园惨案的武器多数来自枪展,去那里是对我信仰的挑战。"我可以理解,虽心有不甘也只能作罢。第二天,理查德又发来信息,"我知道这对你很重要,我想这次可以打破原则,陪你去寻找答案。"就这样，在他的帮助下，后面的拍摄十分顺利，我还结识了一位退伍老兵，他用自己的亲身经历引导我对这个问题有了更宽维度的思考。当翻译本书"选择善良"和"为帮助他人而来"两章时，枪展的故事再次浮现在我眼前，理查德的善意像一股暖流，跨越时空将我包裹。

第二个故事是关于本书的翻译过程。回国后，我和教授们依旧保持联系，分享对当下问题的观点和看法。得知理查德的新书要出版，我表示希望能把它带到中国。他欣然同意。在经历4年多的"出走"后，此时正是我重新开启职业生涯的关键时刻；而我大大低估了翻译一本书的工作量和难度，加班到凌晨成为常态。一天，当疲惫、委屈再次袭来时，我想到退缩。我试探着打电话问理查德，是否接受推后出版。令我意外的是，他没有埋怨和指责，而是说："Ada，很抱歉我不会中文，需要你做这么多，去吃一个冰激凌吧，出版一本书不是什么大事，但能够写一本书送给自己喜欢的人挺酷的，仅此而已。"在他的鼓励下，我调整作息，每天的清晨变成自己与书独处的时间，有时为了更加理解原文中提到的场景，我需要查阅大量的资料求证，同时阅读一些经典译作学习翻译的智慧。120天，我沉浸在一个又一个故事里，心被文字滋养，我能够更淡然面对当下正在经历的一切。最终，书稿如期完成。

　　最后，我想分享本书与我朋友之间的一个故事。我的朋友是一位十分优秀的女性，不久前，她的孩子被确诊患有一种罕见疾病，治愈率很低，未知的恐惧将她的生活击碎。某天，她发来一段自己哭泣的视频，在残酷的现实面前，语言往往苍白无力。恰好那天我刚翻译完"给自己点时间悲伤"这个故事。于是，我第一次将翻译后的文章分享给工作组以外的人。几天后，她发来信息："丹丹，谢谢你，也谢谢理查德教授。"再之后，我得知她组建了一个患有相同疾病的家属互助群，更加积极地面对生活的挑战。我将她的故事告诉理查德，他回复："这件事让我非常开心，这正是我写这本书的目的，希望它能让人们生活得更好，没想到这竟然真的在中国发生了，谢谢你做的一切，请坚持分享。"我也在分享的过程中重新认识到本书的价值,它不是前沿的理论,也不是精彩的小说,仅仅是理查德对自己60年生活的观察,以及对追求更好生活的善意分享,他相信简单的故事也可以很有力量。

故事讲到这里,我想我已经回答了开篇的问题。翻译之初,我只希望通过自己的努力还原作者的智慧和幽默,以此表达对理查德、其他南加大教授们[尤其是我的导师杜克雷(Clayton Dube)]和美国《国际日报》前辈们的感激之情。此刻,我更加理解作者创作的初心,而我也怀着同样纯粹的心,希望通过我们的文字传递善意,给更多人的生活带去光和灿烂的颜色。

最后,我要向作者和中译出版社表达深深的感谢,因为没有他们的大力支持,让一本书在中国和美国同时出版几乎是不可能完成的任务。本书能够实现这一点,离不开许多人的帮助和付出。特别是梁鸿鹰老师的鼓励,赋予我勇气去迎接挑战;刘永淳先生作为出版界的资深人士,提供了许多关于出版本书的宝贵建议。我还要感谢编辑小兰、海宽,柳笛律师,以及四位志愿者——来自美国的孟小淳(Cindy Meng),巴黎的唐志，北京的徐欣雨和姜麟，是你们的无私奉献让这一切成为可能。当然，我还必须特别感谢我的父母，正是你们的爱让我有勇气去追逐梦想。

文字有魔力，《人生小紫书：帮你穿越生活灰色地带的40条》的神奇之处是你一定能找到属于自己的那一篇，让我们期待更多美好的事情发生！

鲁丹

2023年12月20日于北京